刘兴诗

—— 著 ——

矿物、岩石和土壤

長江出版傳媒 | 长江文艺出版社

目录

下篇 岩石与土壤

下篇

岩石与土壤

莫说顽石没有用，曾经蹦出孙悟空，砌成长城万里长。休道石头傻大粗，雕出一方方玉玺图章、一对对威武雄壮石狮子、一座座庄严神圣石刻佛像。还有庭院太湖石，泰山石敢当。惊涛裂岸、乱石穿空，书写出许多传世佳作，缀成了灿烂历史篇章。更有遥远石器时代，女娲补天神话流传，开创人类文明，何其悠远绵长、灿烂辉煌。

莫道泥土太单调，这里红黄，那里白黑，加上东方青土，组成一幅神州五色土图画，描绘美丽大中华。

第一章

水火生成的岩石

人们时常看到或者摸到石头，可谓举目皆是，唾手可得。石头和人们的关系，简直密切得分不开。

早在原始时代，原始人就用上了石头。砸呀砸、磨呀磨，做出一些石头工具。拿起石锄种地，握住石斧和凶猛的野兽拼斗。人们凭着这些古老的石器，揭开了地球历史的新篇章，开辟了人类文明的新天地。

历史一页页翻过去，石头在人们的生产、生活中占的比重越来越大，几乎没有一个角落少了它。

你看，大门外的石狮子，胡同口的石牌坊，农家院子里的石臼、石磨盘，洞窟里的石刻神像，还有什么泰山石敢当，帝王陵墓前的石翁仲、石象、石马，石头修筑的碉堡、城墙等等，统统和石头有千丝万缕的关系。

传说孙悟空是石头里蹦出来的；《水浒传》中，忽然冒出一块大石头，上面刻写着一百零八位梁山好汉的名字……许许多多关于石头的话题和石头制品，一下子说也说不完。

石头在人们口中被说来说去，没准儿有人会提出一个说法——石头就是岩石嘛。除了石头、岩石之外，还有一种说法是“岩矿”。岩矿就是岩石加上矿物，人们经常把它们相提并论。

那么，岩石和矿物是不是一回事?

不，岩石和矿物是两码事。岩石的成分比矿物复杂得多，它是经过特殊的地质作用，由许多矿物或岩屑聚合在一起的东西。

有人还会问，为什么有的岩石很坚硬，有的却不是那么硬，很容易风化?为什么有的岩石是这样的颜色，有的却是那样的颜色?有的岩石是一层层的，有的是浑然一大块?有的外表很光滑，有的里面却有小洞洞?关于岩石的许许多多问题，说起来有一大堆。

最后还有一个根本的问题，岩石到底是怎么生成的?

地质学家说，岩石有不同的生成原因，不是一个模子制造的，是不同的地质作用形成的。

第一种形成岩石的力量是“火”。

传说女娲炼五色石用以补天，这岂不是就和火有关系吗？

火热的岩浆喷出地面，或者岩浆藏在地下，都能形成岩石。这种岩石叫作岩浆岩。因为和火有关系，从前有人干脆就叫它火成岩。

岩浆岩可以分为两大类。

一类是喷出地面的岩浆，冷却后凝结形成岩石，叫作喷出岩。乌黑的玄武岩就是一个例子。因为是在地表环境里生成的，在它的表面常常还能见到许多包含着空气的气孔呢！

另一类是岩浆在地下深处逐渐变冷形成的岩石，叫作侵入岩。侵入岩在漫长的冷凝过程中，可以慢慢结晶，因此侵入岩晶粒粗大，具有显晶质结构。花岗岩就是一个例子。

第二种形成岩石的力量是“水”。

露在地表的岩石逐渐风化破碎，被水流冲到别的地方堆积起来，经过很长很长的地质时代，重新变成岩石，叫作沉积岩。因为与水有关系，从前有人就把它叫作水成岩。

沉积岩的种类很多。泥土变成的岩石是泥岩或页岩，砂变成的岩石是砂岩，滚圆的

含有氧化铁条纹的沉积岩

鹅卵石变成的岩石是砾岩，带棱带角的石块形成的岩石是角砾岩，大海里的碳酸质生成的是石灰岩。

第三种形成岩石的力量是“高温”和“高压”。

变质片麻岩

已经生成的岩石重新埋藏在地下，在很高的温度和压力作用下，会渐渐改变其本身的性质，变成另外一种新岩石，这就是变质岩了。

变质岩也可以分为两大类。

由岩浆岩变质生成的叫作正变质岩，例如花岗岩变成了片麻岩。由沉积岩变质生成的是副变质岩，例如泥岩和页岩变成的板岩和片岩，砂岩变成的石英砂岩，石灰岩变成的大理岩。

岩浆岩、沉积岩、变质岩，这三大类岩石的生成成因以及外观、内部特征、物质组成都不同，共同组成了厚厚的地壳，可是它们的分布和数量却不一样。

沉积岩大多分布在地壳表层，岩浆岩、变质岩大多在地壳内部。由于后来地壳运动影响，它们的位置发生了变化。广泛分布在地表的沉积岩，瞧着似乎很多，却不见得比其他两大类岩石多。道理很简单，因为后者藏在深深的地壳下面，并没有完全露出来呀！在这些深藏在地下的岩石中，蕴藏着丰富的矿床。

沉积岩常常是一层层的，带有明显的层理。岩浆岩却常常是一大块一大块的。变质岩是什么样子，就看它们原本是怎么来的了。不消说，由岩浆岩、沉积岩变成的正、副变质岩的结构、构造就不一样。

从成分来说，岩浆岩大多含有硅镁质和硅铝质的成分，没有含碳的有机质，能生成许多金属矿床。

分布在地壳表面的沉积岩风化以后，本身就是动植物活动生长的乐园，所以含有不少有机质的成分，埋藏着许许多多动植物化石。由于沉积岩原本都是由出露在地表的泥沙、砾石生成的，又经过蒸发作用，所以含有蒸发形成的盐、石膏、芒硝等矿产。和生物原因有关的石油、天然气，也生成在沉积岩里。

形形色色的岩石，有形形色色的成分和生成原因，以及各种各样的用途，组成了丰富多彩的岩石世界。石头和石头不同，就好像人和人的相貌外表、内在性格有差异一样，千万别把三大类不同的岩石弄混了，不能在“石头”的大帽子下面，把各种各样的岩石弄混了。

常见的岩石

常见的岩浆岩有花岗岩、闪长岩、辉长岩、橄榄岩、流纹岩、安山岩、玄武岩等。

常见的沉积岩有砂岩、粉砂岩、泥岩、页岩、砾岩、角砾岩、石灰岩等。

常见的变质岩有大理岩、石英岩、蛇纹岩、板岩、片岩、千枚岩、片麻岩等。

第二章

话说“花岗岩脑袋”

呸，花岗岩脑袋。

“花岗岩脑袋”可不是什么好话，也不算好听的形容词。

呵呵，这是骂人的话呀！如果说谁是花岗岩脑袋，那个人肯定不高兴。准会气得噘起嘴巴，跳起来和你论争。

是呀！“花岗岩脑袋”就是思想顽固的象征，平心而论，谁也不愿意做这种顽固不化的家伙。

是啊！顽固不化的脑袋，思想呆滞，办事死板，不能顺应形势和灵活处理事务。按照这种顽固思路办事，准会一脑袋撞南墙，碰得头破血流，死也不明白自己错在哪里。

话说到这儿，没准儿有人会问：“脑袋就是脑袋，不是石头，干吗扯上花岗岩？”

道理很简单，因为花岗岩特别坚硬，别的岩石没法和它相比。思想顽固的脑袋，就像是用这种岩石做的，一点不开窍，一点也不会转弯。

花岗岩真的很坚硬。

你看，包括古希腊、古罗马，以及世界上的其他许多地方，那里的古代花岗岩建筑，虽然经过长期风雨磨蚀，依旧能够保持原有的风貌。倘若换成别的石头来建造建筑物，早就风化得不成样子了。

花岗岩

你看，许多著名的山峰——华山的“险”，黄山的“奇”，统统与坚硬的花岗岩分不开。

为什么花岗岩这样坚硬？因为它主要的成分是石英。石英的硬度很大，除了罕见的金刚石、刚玉、黄玉，它是常见矿物中最坚硬的一种。选用花岗岩作为石材修造起的建筑物以及精心刻凿的花岗岩雕像，保存的时间相当长。花岗岩脊梁的山地，也比别的山峰雄伟壮观得多。

除了华山、黄山，还有许多名山都有同样的花岗岩。武夷山算一个，黑龙江的伊春花岗岩石林也算一个，各自有特殊的风景。美国加州有名的约塞米特国家公园，就是一个特殊的花岗岩公园——那里从河谷垂直上升1000多米的将军岩，据说比直布罗陀岩山还大，是世界上最大的花岗岩块。坚硬的花岗岩，给自然界增添了壮丽的风景。我们可以不要“花岗岩脑袋”，却不能没有花岗岩山冈。如果大自然里失去了花岗岩的阳刚之气，还有什么值得景仰的山魂和石魄？

请问，难道这是一成不变的模式？有花岗岩的地方都会形成悬崖绝壁，没有一丁点儿变化吗？

当然不是。看看另一处风景，就完全不一样。

你不信吗？请看一张熟悉的图片吧。

咔嚓，站在九龙半岛的岸边，给对面的香港太平山拍一张照片。

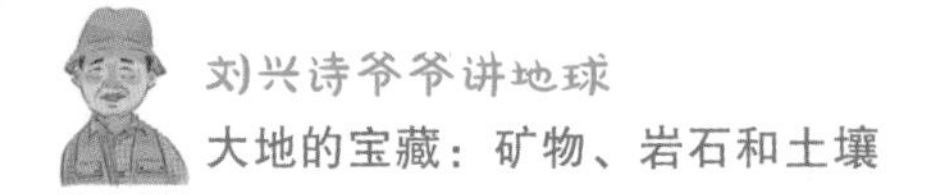

只见这座山地形起伏缓和，非常低矮，压根儿就不能和巍峨雄壮的华山、黄山、武夷山的气势相比。不了解内情的人，还以为这儿是由松软的岩石组成的呢！

不，这也是花岗岩。

你不信，上去仔细看一看就知道了。拿一块香港太平山花岗岩的标本，和华山花岗岩对比，外表瞧着似乎有些不一样，岩石成分却完全没有差别。

咦，这就奇怪了。为什么花岗岩到香港就变了样，完全失去了它固有的坚硬强劲的风格？

这要从它内部的矿物成分说起。

花岗岩的矿物成分很复杂。虽然其最主要的成分是石英，却还包括松软的长石和云母。

在气候干燥、物理风化强烈的地方，各种矿物成分结合在一起，坚硬的石英带头抵抗住风化。岩石只能沿着裂隙崩坍，生成棱角分明的外形，于是造就了雄伟陡峻的山峰。

在化学风化强烈的湿热地区，虽然岩石里的石英还能抵抗风化，但是同在一起的长石、云母却很快就风化成为黏土，随着雨水冲刷，一股脑儿流失了。单粒的石英无处生根，也被一起冲走，

香港太平山夜景

成为一颗颗沙砾。整块花岗岩土崩瓦解了，表面盖了一层厚厚的风化壳，再也挺立不起来，只好变成一座座貌不惊人的浑圆的小山包了。

事物不是一成不变的，坚硬的花岗岩也不例外。香港太平山的花岗岩地形不是最好的证明吗?

石英、长石和云母好像是三个伙伴，共同结合在一起。环境好的情况下，似乎没有一丁点儿问题。一旦环境变化了，石英还能坚持，长石、云母这两个“软骨头”挺不住，就一下子垮了。和这样的家伙在一起，可要小心呀！哈哈！这岂不是一个有趣的比喻吗?

噢，这样说起来，“花岗岩脑袋”并非绝对顽固不化，也有变化的时候呢。我们从中悟得一个道理：世间万物没有绝对不变化的，连坚硬无比的花岗岩也会自我演变。如果谁是“花岗岩脑袋”，就请他换一个环境，受到特殊的风化，也会自然变化。倘若经过这样的环境改变还是那样僵硬，就彻底不可救药了。

呸！顽固不化的“花岗岩脑袋”。

好呀！能够顺应环境的花岗岩地貌。

香港太平山的别名

太平山是香港最高峰，海拔 554 米。这里从前是海盗盘踞时的瞭望台，上面曾经挂有信号旗，所以又叫扯旗山。

请你去问当地的老爷爷，他会告诉你，这座山还有一个古老的名字叫作硬头山。

啊，硬头山，不也表明了山顶还有风化残留的坚硬岩石吗?这种硬石头，就是花岗岩呀!

第三章

浮在水上的石头

石头可以浮在水上吗？

得了，别开玩笑了。谁不知道沉重的石头被丢下水就咕咚沉底，怎么可能像木头、树叶一样漂浮在水上呢？

信不信由你，世界上真有浮在水上的石头。

咦，这是真的吗？当然是真的，谁还骗你不成！

请看吧。这是一块黑色的石头，周身布满密密麻麻的孔洞，活像一个黑色的蜂窝。

哦，这难道是古代蜂窝的化石？

不，这不是蜂窝的化石，是真正的石头。

那么，这到底是怎么一回事，石头身上那些蜂窝状的孔洞是怎么形成的？

我国古代的人们早就认识它了，民间又称它为水花、白浮石、海浮石、海石、水泡石，把它当作一种药材。《本草拾遗》解释说："水花……江海中间，久沫成乳石，故如石水沫，犹软者是也。"这话的意思似乎是认为它生成在起伏动荡的波涛中，时间久了，

一些泡沫就成为这样的石头。这个想法非常浪漫，实际情况却不是这样的。

既然是石头，就得请地质学家来说明原因。

原来这是火山喷发的时候，随着滚烫的岩浆喷出来的一种特殊的物质。因为火山喷发也含有气体，在岩浆凝结的时候，这些气体来不及散发出去，就被包裹在里面成为一个个大大小小的气泡了。由于这种石头有许许多多气泡，好像充气的海绵块似的。一般孔隙率可以达到70%~80%，容重一般小于每立方厘米1克，孔隙多，质量轻，它就能漂浮在水上了。

噢，原来是这么一回事。天下之大，真是无奇不有呀！石头也能浮在水上，简直颠覆了传统的概念。

请问，这种奇怪的石头叫什么名字？

因为它能够浮在水上，地质学家就给它取了一个最形象的名字——浮石，或者叫多孔玄武岩。

这样的多孔岩石不仅很稀奇，也有许多用处。凭着质量轻、强度高、耐酸碱、耐腐蚀，而且没有污染、没有放射性等特点，它也可以派上一些特殊的用场。不过需要提醒的是，用它造船可不成。石头毕竟是石头，有一定的分量，自己勉强漂浮在水上还可以，运载几个小蚂蚁也成，如果要承受更大的重量就不成了。谁乘坐这样的“浮石船”，那就等着喂鱼吧！

玄武岩柱

小知识

火山喷出物

火山喷出的东西很多，可以分为两个种类：一种是从火山通道中直接喷出的凝固岩浆和通道四周的围岩碎块。在火山爆发的时候，被炸成碎块或者粉末抛进空中。另一种是液态的物质喷射上天后，在空中冷却凝固的产物。有的甚至在降落到地面的时候，还没有完全硬化呢。

在空中冷却凝固的岩块叫作火山弹，外形有的像面包，有的像纺锤，常常有流纹和缝隙，有的还有旋转扭曲的特殊痕迹呢。

火山喷出物按照颗粒大小，可以分为许多种类。其中，颗粒直径大于 64 厘米的，叫作火山渣、火山弹，或者火山集块。最大的火山弹直径可以达到十几米，从半空中落下来，比炸弹还厉害。这往往不是单独的一块，而是成团成片地密集撒落，简直就像是排炮轰击了。

火山喷出物颗粒直径为 2~64 厘米的，叫作火山角砾，一般的浮石就在这个等级里；直径为 0.02~2 厘米的，叫作火山砂；直径小于 0.02 厘米的，叫作火山灰。可别小看了这种似乎微不足道的火山灰，当它铺天盖地从天而降的时候，可以掩盖地面的一切。公元 79 年 8 月 24 日，意大利那不勒斯附近的维苏威火山爆发的时候，厚厚的火山灰就吞没了整个庞贝古城和附近的另一个城市，将其变成特殊的“城市化石”呢。

夏威夷岛上的基拉韦厄火山喷发

第四章

广阔的玄武岩高原

1952 年，我第一次随队从张家口到张北考察。由低矮的山间盆地，逐步攀升到内蒙古高原上，只觉得地势变得开阔，心情也忽然舒畅了。一眼望不见边、微微起伏的地面，像是一条随意波动的弧线，加上草皮装饰，就显得更加柔和了。地面在天穹下无边无垠展开，好似一张软茸茸的特大地毯，恨不得由着性子在上面打几个滚儿，那才叫带劲呢！

啊，无边无垠的内蒙古高原。只是在这个时候，我才算真正领会了那首“敕勒川，阴山下，天似穹庐，笼盖四野。天苍苍，野茫茫，风吹草低见牛羊”的古诗到底是什么滋味。那位古代无名诗人，把眼前的这一切描写得多么准确、多么生动啊！

一番激动之后，头脑中就会回旋一个问题：眼前这一片高原，为什么这么平整？这是因为整个大轮廓是一马平川，即使有一些儿微微起伏，也算不了什么——好像总是动荡不休的大海，没有人会说它不是平的一样。人们嘴里老是说“海平面”，可没有人说什么“海曲面”的。

是啊，我自己问自己：内蒙古高原的地形为什么这样平坦？无穷岁月的磨蚀，也没有把它切割得七零八碎，像是别处的山地一样。

告诉你答案，这里的地面是第三纪玄武岩铺成的。在漫长的地质时代中，第三纪还算很新，玄武岩特别坚硬。这坚硬的玄武岩外壳，好像一层铠甲似的蒙盖着内蒙古高原，保护它不受切割损坏。

玄武岩是什么岩石？为什么能铺展得这样宽广，庇护了整个高原地面？

原来这是一种特殊的火山喷出岩。它不像一般的火山一样，岩浆从座座孤立的火山口喷发，而是沿着一条条很长很长的裂隙向外喷发，所以影响的面积很大。加上这种岩浆的黏度小、流动性大，喷发溢流出地表后，很容易向四面八方扩展开，所以就能笼罩广阔的地面，形成好几千甚至几十万平方千米的熔岩台地和高原了。

这儿的第三纪玄武岩，覆盖了河北省张家口以北，直到内蒙古东部以及东北地区的西南部，面积非常广阔，形成了眼前这一望无涯的大高原。

在我国境内，大面积玄武岩覆盖的区域不止这一个地方。二叠纪喷出的峨眉山玄武岩不仅广泛分布在峨眉山周围，还覆盖了四川、云南、贵州交界的一大片地方，也是较为明显的例子。

小知识

月球玄武岩

月球上最主要的岩石就是玄武岩。天文学家报告，几乎整个月球的外壳都是这种很厚很厚的岩石，这种岩石构成了月球的坚硬盾甲，所以月球上才形成了那么多、那么广阔的“月陆”和“月海”。这种岩石是经过多次喷发形成的，是月球上最年轻的岩石。它大致形成于距今 37 亿 ~33 亿年间，年龄几乎相当于已知的地球上最古老的岩石。

第五章

神奇的“巨人之路”

现在我们要说的，是一条神奇的“巨人之路”。

啊，“巨人之路”，是一个童话故事吗?

不，这不是童话，是一种真实的自然景观。

请看，这是英国的一个奇观。在北爱尔兰安特里姆郡的海岸边，有一个地方密密麻麻排满了无数石柱，它们的形态长长短短、粗粗细细、高高低低。那里总共有 4 万多根石柱，顺着海岸延续了 6 千米左右，生成一个岬角，所以该地被叫作“巨人堤”和“巨人岬”。

这些石头柱子大部分是比例匀称的六边形，直径从 30 多厘米至 50 厘米不等。也有个别是四边、五边或八边形，数量较少，走老远才能发现一两根。一排排、一层层的石头柱子在一些地方顺着山坡排列，活像一级级天然石阶梯。

人们说，这是“巨人之路”。这真是闻所未闻、见所未见的奇观。1986 年它被联合国教科文组织批准为世界自然遗产。

这种现象不是这儿特有的。要说什么特有的话，那就是玄武岩所特有的一个现象了。不仅在英国北爱尔兰这个地方，在我国的台湾、福建，以及南京附近等地，也有同样的现象。

外来的游客瞧着这些古里古怪的石头柱子不禁会问，这是怎么生成的？

原来这是火山喷发后，灼热熔岩逐渐冷却收缩，由玄武岩内部结晶构造所决定的。在玄武岩熔岩流中，垂直冷凝面常常发育成规则的六方柱状节理，生成六边形石柱。

为什么会形成这个现象呢？有专家解释说，在物质均一的熔岩中，有均匀分布的冷却中心，彼此距离相等，呈等边三角形分布。在熔岩冷凝过程中，各自向中心收缩，就形成六方柱状的节理了。

在北爱尔兰当地，中生代的白垩纪末期曾经发生大规模火山喷发，后来生成了这种特殊景观。

北爱尔兰巨人堤道

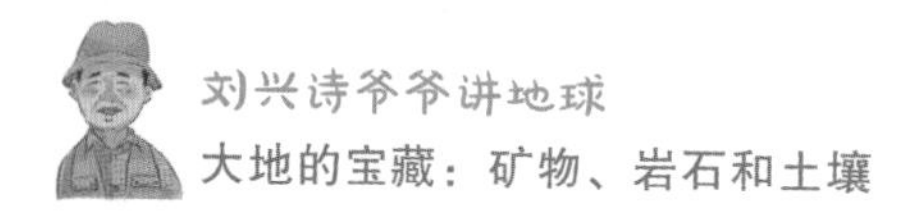

峨眉山游客的发现

我们在峨眉山下曾经有一个工作基地。有一天，来了几个兴冲冲的游客，报告了他们的神奇发现。他们在半山一个地方，把随身携带的指南针好奇地放在玄武岩上，无意中记录了指针指示的方向。登上山顶后，再一次测量那儿的玄武岩，察觉指针方向改变了。

他们不明白，为什么同样一座山，测量的结果却有差别？推想这儿肯定隐藏着一个大铁矿，才会出现这样的现象。

这几个游客真可爱，旅游不忘找矿，真是好样的。玄武岩里的确含有铁的成分，所以才会吸引指南针指针。峨眉山玄武岩生成在二叠纪，这个地质时期从 2.9 亿年前开始，经历了 4000 多万年，前后非常漫长。在此期间，玄武岩曾经多次喷发，不同期间的地磁极有一些微细变化，被地磁极吸引的指南针指针有一点变化，一点也不稀奇。这儿并没有大铁矿，多谢他们的热心。

玄武岩内除了铁，还有铜、钴、硫黄、冰洲石等成分，在有些含量较多的地方，可以作为矿产开发。玄武岩本身，也可以做耐酸铸石原料。

瓦屋山迷魂凼

峨眉山附近不远的四川省洪雅县瓦屋山上，有一个神秘的迷魂凼。里面地形复杂，林木茂密，千百年来，人迹罕至。曾经有一些人冒失地闯进去迷了路，发现指南针失灵，手机没有信号，好不容易才钻出来，还出现个别失踪的事件，所以传得神秘兮兮的。

有人说，这里是一个巨大的磁场；有人说是森林产生瘴气，使人眩晕产生幻觉；甚至有人胡说是什么“北纬30度之谜”“陆上百慕大三角”，越说越离奇古怪。

我们上文已经说过了，一般的玄武岩不会形成大铁矿，也没有什么大磁场。而所谓“瘴气”大多发生在南方热带、亚热带地区环境封闭的阔叶丛林内。瓦屋山山顶上是以云杉、冷杉为主的针叶林，林下不过生长着箭竹而已，缺乏大量枯枝腐叶堆积，不可能形成“瘴气”。北纬30度，是一条普通的纬度线，压根儿就没有什么特别之处。伪科学必须揭露，那些耸人听闻、稀奇古怪的传说都是骗人的。

这个所谓迷魂凼里的地形，是受特殊的玄武岩六角形柱状节理的影响而形成的。在长期风化剥蚀情况下，玄武岩往往沿着这样的节理崩裂，生成一个个形状相同的地形，外貌几乎是一样的，排列十分整齐规律，组成了一种迷宫似的环境，容易让人迷惑。加上该地茂密的植被遮蔽视野，阻碍通行，让人们摸不清方向，行走困难。这种天然地形迷宫和绿色植物迷宫相互结合，就形成使人望而生畏的迷魂凼了。

第六章

张家界的秘密

张家界是岩石的“森林”。

你看，到处都是高耸的石头柱子，比城市中许许多多摩天大厦高得多。不消说，也坚固得多。这里历经时代摩挲，也更显岁月沧桑。

你瞧，每根柱子由嶙峋的岩石组成，密密麻麻挤在一起，难道不像是一座奇异的“石头森林”吗？

这些石头柱子不仅很高，造型也很奇特，多多少少带着一些不凡的仙气，增添了它们的艺术欣赏价值。

仔细看吧，有的像人物，有的像怪兽，有的像空中楼阁。它们被叫作“金交椅”“御笔峰”“将军岩”“采药老人”“仙女散花”什么的，各自成为一个独特的景点。其中有一根石柱活像一根直立的巨大钢鞭，就是齐天大圣孙悟空到来，也未必拿得起来。这儿干脆就叫金鞭岩，旁边的一条溪流叫作金鞭溪。顺着这条小溪，就能一步步走进“石头森林”的深处了。

张家界是深山。

说这儿是深山，首先，不仅是因为从前这里与世隔绝，远离喧嚣的城镇；而且，从远近距离和心理距离而言，可算是很偏很远，也很深很深。其次，由于这里石林密布，无论低头俯瞰，还是抬头仰望，也都显得十分深邃。特别是后面这个因素，不是一般的偏远深山可以相提并论的，可谓是它的独到之处了。

张家界到处是绝妙的风景。

这儿的风景有什么特色？人们总结了两句诗：

> 仙山的缩影，
> 放大的盆景。

想一想，一座座仙山缩小，一个个盆景放大，那会是什么神奇的场景？这就是与众不同的张家界了。

是呀！是呀！到过这儿的游客，没有一个不感到无限惊奇，啧啧赞叹大自然的巧妙魔力——这才是鬼斧神工，人间哪有这样的奇迹。

人们赞叹了，噼里啪啦拍了许多照片后，忍不住会问，眼前这一片绮丽的风景，到底是怎么形成的？

这些巨大的石柱是怎么形成的？

为什么一根根石柱耸立得很高很高，瞧着非常悬乎，却能屹立不倒？

地质学家解释说，原来这儿的岩体内，有非常密集的方格状的垂直裂缝。岩体沿着裂缝不断向下劈裂开，就成为一根根孤立的石柱了。加上这儿的大地不断抬升，石柱更显得高耸。

这里的岩体是坚硬的石英砂岩，抵抗风化剥蚀的能力很强，所以能保存得很好。

哦，张家界的秘密，原来隐藏在它本身的岩石性质和地质构

张家界南天门

造里。这似乎冥冥中早就规划好了。人们说它是“石头森林”，这话有些对了。森林倒未必，石林却是真正的。

请记住，石林就是它的真实的学名。不过自然界还有另外一种石灰岩溶蚀生成的石林，我们到后面再讲吧。为了和属于喀斯特范畴的溶蚀石林相区别，把它称为砂岩石林也行。

小卡片

页岩、泥岩

页岩和泥岩都是泥质岩石。页岩好像书页一样，有一层层的层理；泥岩没有层理。这些泥质岩石很容易风化剥蚀，生成的地形十分低矮平缓。在我国西部的四川盆地等地的页岩层中，发现了宝贵的页岩天然气。

土 林

在云南省北部，古老的元谋人的故乡，一个不大的盆地里存在一种特殊的土林。一根根颜色不一的土柱高高耸起，有的像塔，有的像柱子，还有许多拟人拟物的特殊形象。和张家界石林一样，也是密集排列，活像一片泥土塑造的森林，那里已经被开发成为一个新的旅游景观。所不同的是，它的形成有另一种原因。

原来在这个盆地里，堆积了厚厚的杂色泥土，在暴雨冲刷下，天长日久就形成这种罕见的土林了。泥土当然比不上坚硬的岩石，经过一次次暴雨袭击，外部形态迅速变化，展现出一幅幅神奇的图景。这就是它与张家界石林不同的地方。

第七章

卵石堆成的高山

喂，朋友，给你一大堆鸡蛋，你能堆成一座小山吗？

噢，那怎么行？要把圆溜溜的鸡蛋堆起来谈何容易。别说堆成一座山，就是堆到一尺高，也让人提心吊胆。

你不信吗？让魔术师表演一个节目看看吧。

注意啦！魔术就要开始啦。

他在一道陡峭的崖壁面前，扯起一块巨大的幕布，挡住了观众的视线，喊一声“一、二、三！”只见幕布拉开，背后露出了光溜溜的崖壁。

这是什么崖壁呀！不是一层层岩石，竟是无数圆溜溜的“鸡蛋”堆积起来的。

啊呀呀，做梦也想不到会有这种事，简直是世间奇迹。这里没有鸡，不会“鸡飞”，却会“蛋打”。倘若骨碌碌滚下来，准会变成一摊蛋黄和蛋清。踩一脚，滑一跤，摔得鼻青脸肿是小事，万一骨折就麻烦了。

这真是鸡蛋吗？

魔术师笑嘻嘻地揭开了谜底。他取出一个真正的鸡蛋，对着崖壁上的“鸡蛋”一碰，鸡蛋立刻就碰破了壳，流出了蛋黄和蛋清。

啊，原来这是“以卵击石”呀！崖壁上不是真正的鸡蛋，而是像鸡蛋一样圆溜溜的鹅卵石。

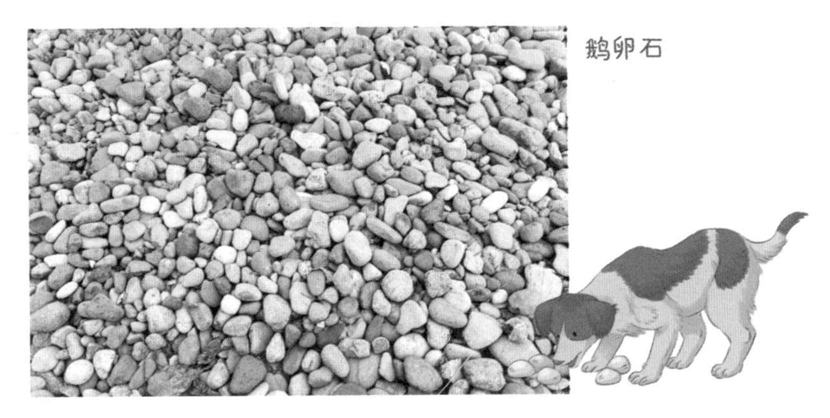
鹅卵石

这又奇怪了，鹅卵石一般都在河边，怎么会跑到崖壁上？是谁堆起来的？难道魔术师真有那样大的本领，用鸡蛋堆成一座山？

不，这不是鸡蛋，是鸡蛋一样的鹅卵石。

和鸡蛋一样圆溜溜的鹅卵石，也没法堆成一座山呀！

啊哈哈！这应该是水泥和鹅卵石搅拌在一起，生成的混凝土呀。用混凝土修筑高楼大厦，不管有多高也不会垮塌。如果用混凝土建造一道崖壁，当然也不会垮。

不，这不是一般的鹅卵石，也不是混凝土，而是坚硬的砾岩。砾岩是遥远地质时期的鹅卵石，它经过自然胶结作用，变成了铁板一块，就可以抵抗风雨侵蚀，高高耸立而不会垮塌了。

好奇的人们再问，河边的鹅卵石怎么会跑到崖壁上去呢？

原来，这里是河流出山的地方。河流挟带从山里冲出来的鹅卵石，在这儿越堆越多。随着山地上升以及山脚下的平原下沉，这些鹅卵石一层层堆起来，生成了厚厚的卵石层。后来随着地壳上升，

青城后山五龙沟

埋藏在地下的卵石层逐渐露出，逐渐升高，最终形成了一座山。

砾岩形成的山很多。信不信由你，号称“一夫当关，万夫莫开”的剑门关崖壁，就是砾岩形成的。走到跟前仔细观察，可看到崖壁上布满了密密麻麻的鹅卵石。

道教圣地，号称“青城天下幽”的四川省都江堰市的青城山，也是一座砾岩堆砌的山峰。这儿比山脚下的平原高 1000 多米，气势非常雄浑。难怪当年道教的创始人看中了此地，在这里隐居传道。

青城山是有名的避暑胜地。炎热的夏天，山下的成都市民热得受不了，纷纷跑到这儿来避暑。这儿还有一条高速公路直通号称“火炉”的重庆，也吸引了重庆来的避暑客。

砾石的磨圆度

砾石十分常见，经常被叫作鹅卵石。可是仔细一想，似乎有些小问题。鹅卵是什么？就是鹅蛋嘛。鸡蛋、鸭蛋、鹅蛋，统统是圆溜溜的。可是我们瞧见的砾石，有圆的，有带棱带角的，和真正的蛋不一样。请问，世界上难道还有带棱角的蛋不成？看来鹅卵石这个名儿，随便说说还可以，要较真起来就不成了。地质工作者的笔记本上，就没有鹅卵石这个名词。

地质学上规定，根据砾石的浑圆程度，可以将它分为滚圆状、次圆状、次棱状、棱角状 4 个等级。滚圆状是圆溜溜的，就可以算是鹅卵石了。棱角状的砾石，完全没有冲磨的痕迹，外表是真正带棱带角的样子。次圆状、次棱状的磨圆程度，介于滚圆状和棱角状二者之间。次圆状砾石的整个外形基本上已经是光溜溜的了，但是一些棱角部分还保留着原来的外貌。次棱状砾石的外形和棱角状砾石基本上一样，只是一些地方稍微磨光了一些而已。

砾石的磨圆程度和搬运远近有关系。搬运得远的当然冲磨得圆些，距离近的砾石，棱角自然就很分明了。同时，这也和砾石本身的岩石性质有关系，本来就很软的，很容易就会冲磨得圆溜溜的。本身坚硬的岩石抵抗能力比较强，就不容易磨圆了。

砾岩和角砾岩

砾岩一般是滚圆的砾石经过成岩作用后形成的，例如河流堆积的砾石就能生成砾岩。角砾岩就是带棱带角的砾石形成的，多是由山崩后的石块所生成的。

第八章

红艳艳的丹霞山

红艳艳的山岭，一重重、一叠叠，好像山花盛开般灿烂，多么美丽，多么好看。

红艳艳的山石，一块块、一片片，好像是晚霞染红的，多么奇特，多么鲜艳。

这红艳艳的色彩，真的是山花点缀的吗？

不，过了百花初放的春天，过了花儿盛开的夏天，又过了叶落花谢的萧瑟秋天，一直到寒风凛冽的冬天，这儿的山岭、山石，依旧是

航拍广东省韶关丹霞山风光

那么红艳艳的一片。

再说，不仅是朝霞、晚霞漫天的时候，在一天里别的时间中，甚至是太阳躲进云雾里、暗沉沉的阴天，这儿依旧满山是红的，而不是别的颜色。这哪会是霞光映照的结果呢?

充满好奇心的孩子不相信，还想看一看到底是不是花儿和霞光把它弄成这样的。

等呀等，看呀看。不管什么时间，不管怎么看，这儿的山岭都照旧一派红艳艳。

噢，这不是山花点染，更不是朝霞和晚霞映照。再仔细观察，原来这是它本来的颜色呀！红红的山石，本来就非常夺目。

请问，这奇异的红色山岭是什么地方?

这是位于广东省韶关市的金鸡岭和丹霞山呀！

金鸡岭号称“广东八景”之一，红彤彤的崖壁上，高高站立着一只石头大公鸡，老远就能看见。

你不用到处寻找，南来北往的火车就在它的下方通过。当列车停

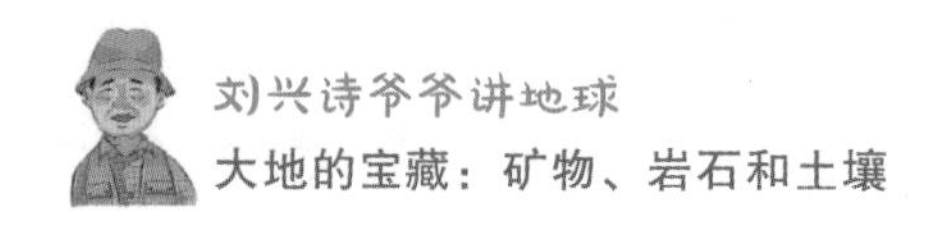

在一个小站，人们从车窗里抬头往外一看，就能瞧见这只天生的红色大公鸡了。

丹霞山呢?

它被列为国家5A级景区、国家级自然保护区、世界地质公园。这里面积非常宽广，景观造型非常奇特，总面积有292平方千米。其中分布着众多的孤峰、石柱、崖墙、天生桥，景色非常优美。最最吸引人的，不消说就是那红红的一片。加上幽深的峡谷和浓密的古树，风景更加宜人。

一眼望不尽的层层叠叠的山峦，全都袒露出坚固山石形成的山体。一道道陡峭的悬崖绝壁，好像刀削斧劈似的，组成了一幅如同石头城堡的图画。似乎有高高低低的烽火台，起伏不平的雉堞。满山上下一片通红，仿佛这儿经历了一场空前恶战，无数战士的鲜血浸透了山石，永远也冲洗不去。

明朝末年一位巡抚经过这儿，瞧着眼前的红色群山这般鲜艳，忍不住称赞说："色如渥丹，灿若明霞。"

瞧呀，他把这一片红彤彤的山岭比喻成怒放的渥丹（又名红百合）和灿烂的霞光，真是恰当极了。

啊啊啊，这才是真正的"赤壁"。

眺望红色的金鸡岭和丹霞山，人们在赞叹之余也有些疑惑——为什么它们这般鲜红？为什么它和晚霞映红的山岭不一样，永远也不褪色呢?

这片岭南赤壁是怎么形成的？这儿到底是先有山岭，然后变成红色；还是先有红色的岩石，再形成陡峭的山岭？这得要地质学家来回答。

地质学家说，后面这个说法是正确的。原来这儿先就有一大片红色岩层，后来经过地壳抬升，缓缓向下切割，才形成这一大片奇特瑰丽的丹霞山。

哦，原来这是红色的元素散布在整个岩层里，而不是霞光映照的原因。

它的名字也是地质学家取的。

1928 年，地质学家冯景兰来到这儿，发现了这儿的红色砂砾岩层，根据三国时期曹丕“丹霞夹明月，华星出云间”的诗意，把这个岩层命名为丹霞层。后来的地质学家干脆就把这种地貌叫作丹霞地貌。

这是红色岩层生成的特殊丹霞地貌。这些红色岩层生成在遥远的地质时代里，主要发育于侏罗纪至新生代第三纪期间，生成在水平或缓倾的红色地层中。干燥的气候环境条件下，沉积的泥沙中含有许多铁质，就会使整个岩层都变成红色的了。以丹霞山来说，它的山岩里含有丰富的氢氧化铁和石膏，当然就是红的了。这是真正的自来红，骨子里都红透了，不是后来涂抹的颜色。

丹霞地貌的岩石不仅很红，也很硬。因为这些砂岩和砾岩，被钙质胶结得特别紧密，使山的“骨头”变得坚硬无比，能够抵御风化剥蚀，

所以地形特别陡峻，形成了这种又红又硬的特殊岩石，生成了红色的金鸡、孤峰、城堡等各种各样的天然造型。

丹霞地貌的形成，还和地质构造有关系。以四川盆地来说，常常是水平构造，水平的岩层形成了特殊的景观：如果上面是坚硬的砂岩和砾岩，能够抵抗风化剥蚀，就生成山顶平坦、周围边坡陡峭的方山；如果上面是松软的页岩和泥岩，禁不住风化剥蚀，就生成许许多多馒头状的山丘。

广东丹霞山是红色砂砾岩构成的，所以特别坚硬。这里岩层里的垂直节理非常发达，有的地方密如蛛网。沿着垂直节理崩塌，就形成高大壮观的陡崖，以及无数孤峰、石柱了。而如果沿着一道长长的裂隙走向发展，还能生成十分壮观的崖墙、深邃的峡谷。崖壁上往往还能看见一些沿着层面分布的岩洞呢。

丹霞地貌并不是这儿的独一份特色，世界上许多地方都有类似的景观。这种丹霞地貌主要分布在中国西北和西南部、美国西部、中欧和澳大利亚等地。中国的丹霞地貌分布极广，承德的棒槌山、成都附近的青城山、贵州赤水河沿岸的大片红色峭壁和山岭都是同样的丹霞地貌。可是比来看去，还是广东的丹霞山和金鸡岭最为典型。

小卡片

“红层”

地质学家口中常常说到的“红层”，主要是指中生代侏罗纪、白垩纪至新生代第三纪期间，由于气候环境干燥而生成的红色岩系，一般是坚硬的红色砂岩和砾岩，也有岩性松软的页岩和泥岩。

这些“红层”地貌是真正的赤壁。著名的赤壁之战的“武赤壁”，因苏东坡笔下的《赤壁赋》而闻名的“文赤壁”，都和“红层”有关系。

第九章

丑陋的“焦巴癞”

瞧呀！江边趴着许多癞蛤蟆。一排排、一堆堆，一动也不动，真难看。

真的是癞蛤蟆吗？哪有那么多、那么大的癞蛤蟆。

这不是癞蛤蟆，是川江水手十分熟悉的“焦巴癞”。

川江一般指包括三峡在内的四川盆地里的长江，以及它的一些可以通航的主要支流。“焦巴癞”不是动物，而是川江水手对江边一种特殊岩石的称呼。

为什么叫这个稀奇古怪的名字？

因为它的外形“疙里疙瘩”非常难看，好像癞蛤蟆似的，所以得了这个丑名。

“焦巴癞”分布在哪儿？

以长江干流来说，沿着金沙江而下，穿过三峡，直至鄂西一带，在枯水期的时候，几乎到处都可以看见“焦巴癞”。长江支流嘉陵江、涪江、乌江、清江沿岸也很多。甚至在广西的红水河、邕江岸边，我也曾经发现过。可以说是以四川盆地为中心，几乎西南各省都有它的踪影。因为它常常分布在低水位的滩头上，被江水长期冲刷，外表很像礁石，所以有人说它是礁滩，也很形象。

1931 年，一位名叫哈安姆的外国地质学家到重庆一带考察，发现重庆对岸的江北城下有一片这样的玩意儿，它们几乎都是由一个个滚圆的砾石胶结起来的，非常坚硬，活像远古的砾岩，给它取名为江北砾岩，从此它就有一个学名了。

江北砾岩是怎么生成的？哈安姆心里想：这准是一种古老岩石的露头，要不，怎么会这么硬？从这一点出发，他认为这是和恐龙同时代的中生代末期白垩纪的产物。

抗日战争爆发后，许多科学家云集大后方。那时候科研经费不足，不能开展大范围的考察，自然就对眼前的地域研究得更加深入了。重庆郊区有名的北碚、沙坪坝等经典地质剖面，都是这样建立起来的。我小时候跟着学地质的叔父刘丹梧去见过的李春昱先生，也专门考察了江北砾岩。李先生注意到它出露的位置很低，枯水期出露，洪水期被淹没，并常常和一些松散的砾石层共生在一起，不像是古老岩石的露头，所以给它另外取了一个名字叫作江北砾石层。从砾岩到砾石层，名字一变，意思也就不一样了。

李先生认为它的时代很新。新到什么时候？李先生想，这应该是第四纪晚更新世的东西吧，距今也有好儿万年了。李先生是地质学界的老前辈，非常受人尊敬，他这样一说，从此就成为规范，大家就把它当作是四川盆地内部的晚更新世的标准地层了。谁也没有想过是不是还有别的可能性。

我是抗日战争时期在嘉陵江边长大的孩子，从小就熟悉它。由于当时年纪太小，也不知道这是什么东西。更加没有想到，将来自己还会认真研究它。命运啊，就是这样从来也不给人们一丁点儿预先的启示——无论是人生悲欢离合的轨迹，还是科学发现的艰辛历程。

我从北方回到四川，带了一双老师给我的“科学眼睛”，这才重新“发现”了它。瞧着这片“疙里疙瘩”的江北砾岩，越看越觉得奇怪，决心要把它弄清楚。

江北砾岩可不是想看就能随时看到的。如果说天上飞的大雁是候鸟，那它就是水里的“候石”。

为什么这样说？因为它的位置很低，总是分布在洪、枯水位变幅带内。夏天洪水滔滔，想看也看不到；只有等冬天水落石出，才露出丑陋的面孔，可以让你看个够。

谁想见识它，就得委屈一下，别窝在家里烤火取暖，最好老老实实冒着凛冽的江风，在数九寒天里去拜访它吧。我就是这样和它泡上了。我从幽深的金沙江峡谷，穿过四川盆地、长江三峡，进入鄂西丘陵。还钻进长江的许多支流，以及支流的支流，一步步踏着起伏不平的河滩，到处寻找它的踪迹。

话说得简单，要实现可真难啊！春节前，大家欢天喜地往家里赶路，我却反其道而行之，头也不回地迈出家门。蹬上登山靴，穿着工作服，背着装满岩石标本沉重的地质背包，我孤孤单单地顺着江边的乱石滩，踩着冰冷的江水一步步前行。

考察的过程不是一件容易的事。有一次，我走进水势险恶的瞿塘峡，瞧着极枯水期时候江心露出的几块小小礁石，心里想：那上面有没有它的踪迹？这里水流如箭，很少有人敢冒险过去。为了查看那几块江心的礁石，只好磨破嘴皮，和航标艇的水手商量，终获同意。我穿上救生衣，乘着比打鱼船还小的蚱蜢小艇，冲波破浪开过去。瞅准了时机一步跳过去，在四周波涛冲击、只有巴

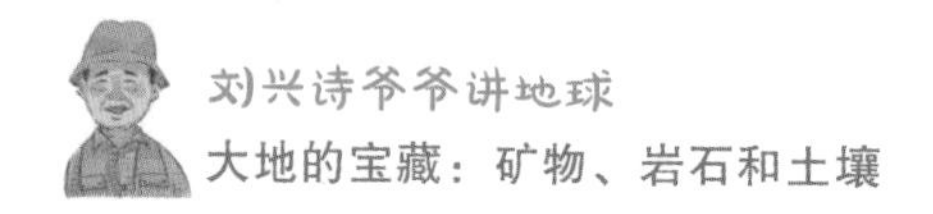

掌大的礁石上站稳了，真的发现石缝里也有它呢。挥起地质锤敲下一块珍贵的标本，那种高兴劲儿，简直无法形容。

世间万事拗不过“认真”二字，和砾岩泡的时间长了，自然也就看透了它的本质，总结出三个“无论”，一个“不均匀”。

什么是三个“无论”？

你看它，无论处于什么地貌部位，包括阶地、河漫滩、洪积扇和山地边坡；无论什么时代，从较老的更新世到最新的全新世堆积物；无论什么岩性，只要孔隙度比较大，可以通透水流的砾石和砂层，只要分布在洪、枯水位变幅带内，几乎全都可以胶结成为这样的坚硬“岩石”。

从第一个“无论”出发，我把它划分为阶地型、河漫滩型、洪积扇型和边坡型这四种不同的类型。

从第二个“无论”出发，可见上述不同地貌单元的被胶结部分，显然不是同一时代，不能被当成同一个地层。

从第三个“无论”出发，既有胶结砾岩，也有胶结砂岩，就不能把它简单称为什么“砾岩”。我干脆把它叫作“砂砾岩”。

什么是“不均匀”？

因为它具有朝向上、下、左、右和由表及里、逐渐过渡的不均匀胶结现象。

你看它，并不像普通岩石那样“铁板一块”，常常上、下、左、右都是松散的砾石和砂，只是中间夹着一层硬邦邦的“岩石”而已。由于江水冲刷，上下松散部分常常被冲蚀成深浅不一的凹穴和空洞，只留下中间胶结成岩的坚硬部分，好像屋檐似的突出在外面，形态鲜明。我在湖北宜都红花套的江边，甚至看到河漫滩底部的松散砾石被掏空了，只留下表面胶结的薄层砾岩，好像空空的乌龟壳一样，有趣极了。

它不仅上下胶结不均匀，剖面内外也存在同样的不均匀现象。许多地方从外面看，似乎非常坚硬，可是向里面一挖，就一下子露了馅儿，渐渐过渡为松散的堆积物了。

请问，这样的东西，可以和传统观念里通体坚硬的古老岩石等量齐观吗？能够作为同一个时代的标准地层吗？不，无论把它叫作江北砾岩，还是江北砾石层，都值得商榷研讨。

它到底是怎么生成的？

我采集了许多标本，磨片后在显微镜下观察，发现在砾石和砂粒间的填充物质都是次生形成的方解石。它们的晶体不是常见的规则形态，全都是“将就”孔隙的空间填补进去的。一眼就能看出，这是原来的砂砾堆积后，经过后期次生胶结形成的。

现在，我可抓住它的辫子了。啊哈！原来所谓的江北砾岩，只不过是后期胶结形成的一种玩意儿而已。我有了百分之百的把握，给它重新取了一个名字，叫作江北期次生胶结砂砾岩，把它写进了我的一些专著和论文里。

为什么在“江北”后面加上一个“期”？因为这是一个次生胶结的时代。我必须把这个时代的胶结机制弄清楚，把它的具体年龄测定出来。

从它出现在江边最低的河漫滩表面的不争事实，可以断定次生胶结时间应该在低河漫滩堆积形成以后。不消说，应是距离现在很近的全新世期间内。我认定了是距今三四千年前的全新世亚北方期，这时候全球气候都以极端干燥为主，四川盆地及其邻侧地区当然也不例外。在那样的气候环境内，标志性的地球化学元素是碳酸钙。无论地下水和地表水里，全都饱含着碳酸钙的成分。位于洪、枯水位变幅带和地下水溢出带内的河漫滩、阶地、洪积扇和其他边坡上，洪水期被水流浸漫，枯水期出露后，在烈日蒸发作用下失去了水分，碳酸钙就沉淀下来，结晶形成方解石，填充在砂砾层的空隙里了，胶结得紧紧的。猛一看，好像人工浇灌的混凝土似的，这就是它次生胶结的全部秘密。

要想测定它的具体年龄，用现代技术手段不过是小菜一碟。可是选择在什么地方采取标本进行测验才能更好地说服人，必须好好动一下脑筋。如果在什么荒山野滩上随便捡起几块石头测定，别人会相信吗？我选来选去，选定了第四纪地层研究的传统标准地点——北碚，那里嘉陵江边江北砾岩分布最厚，剖面保存也最完好。我就在这里取样测定，最后得出一组数据：中、上部距今 3300 ± 1100 年至 4550 ± 80 年，底部距今 9100 ± 700 年。

看到这些数据，我又高兴，又惊奇。高兴的是我的推论基本是正确的，它的主体部分属于亚北方期已经毫无疑问。惊奇的是底部还有更老的北方期的产物，这表明，它的胶结时代不止一个，都和干燥气候环境相关联。

只是实验室内的年龄测定，还不能完全说明问题。通过野外大面积调查，还发现了许多难以想象的事实，证明沿江次生胶结作用似乎至今一直都在进行着。

口说无凭，请看一些具体实例吧。我在重庆以东不远的寸滩水文站附近的江边，发现一个新石器时代的磨光石斧被胶结在砾岩内。在涪陵上游的黄旗渡口，发现东汉画像砖被胶结在同样的砾岩内。重庆对岸的江北江边低河漫滩上，还有许多瓦片被轻微胶结。最有趣的是，在湖北长阳县招待所附近的清江边，我居然瞧见一些被电线缠绕的白色电线瓷筒也被胶结了。

我问当地的老乡："你们这里什么时候开始用电的？"

他的回答差些儿使我惊奇得跳了起来，怀疑自己是不是听错了。他告诉我："中华人民共和国成立前我们点油灯。托毛主席他老人家的福，中华人民共和国成立后我们才用电的。"

啊，从1949年到当时不过30多年，想不到就有一些东西轻度被胶结在砾岩里。虽然可以用手使劲掰下来，可是毕竟有了一些胶结作用呀！

这使我深深相信，这种胶结作用一直都在进行着，其主要胶结期是距今三四千年前的时期。我所谓的"江北期"，主要限定为这个时段内，和世界性的亚北方期相当。这是一种次生胶结作用产生的最新"岩石"，真有趣！

为了这个难看的"焦巴癞"，我历尽千辛万苦，几乎独自走遍了整个长江中游，终于弄明白了它的奥秘。现在这个观念已经被广泛采用，我那抛弃春节的家庭温暖、顶着寒风沿江踽踽独行的辛苦考察没有白费。这就够了！对一个有志的科学工作者来说，还有什么能比探索清楚一个科学难题更高兴的呢？

亚北方期

亚北方期是距今三四千年前的一个最新地质时期。那时候，全球进入了一个以持续性干旱，加上突发性洪水为特征的灾变气候期。大致相当于我国传说中的尧、舜、禹时期以及夏、商阶段。后羿射日、大禹治水等神话故事，以及夏、商的历史，都流传和发生在这个时期里。

第十章

装饰庭院的“太湖石”

《水浒传》里有一段“吴用智取生辰纲”的精彩故事。大奸臣蔡京要过生日了，他的女婿、北京大名府的梁中书派武艺高强的杨志，押送价值十万贯的生日礼物，到东京太师府去送礼祝寿。想不到路过梁山的时候，被智多星吴用设计在酒中下药，将生辰纲悉数劫走。

那时候，社会上贪污腐败横行。这样给上级，甚至皇帝本人送礼、拍马屁的“生辰纲”可多了。根据礼物的内容，分为许多种类，下边要提到的花石纲就是其中的一种。当然啰，还有正常运输的茶纲、盐纲等。

让我们来说花石纲以及它的用途吧。

当时的花石纲，主要是从江南运送奇花异草，以及形态优美的奇石，作为皇宫内院和达官贵人家中庭院的装饰品。有名的太湖石，就是其中最重要的一种。宋徽宗本人就非常喜欢这些怪模怪样的石头，亲自下令在南方搜寻。宣和五年（公元 1123 年），用大船从南方运送来一块巨大的太湖石，沿途有上千人护送。到了东京（今天的河南开封），宋徽宗亲自给它命名叫“敷庆神运石”。另一块四丈高的命名为“神运昭功石”，甚至还封其中一块为“盘固侯”。皇帝这样玩物丧志，最后终于亡国，被金兵俘虏，到冰天雪地的五国城“坐井观天”去了。

顾名思义，太湖石是来自江南太湖区域的一种奇石。它常常被安放在一些古典庭院中，作为特殊的装饰品。

这种石头形态非常怪异，造型十分抢眼。周身上下都是玲珑剔透的窟窿眼儿，加上石体嶙峋挺拔，给整个庭院增添了无限情趣。它虽然不能算是通灵宝玉，也算得上是灵秀的奇石了。从前太湖石不仅千里迢迢被运送到开封、北京，即使在当地的苏州园林中，也是不可缺少的装饰。颐和园、故宫里的御花园等庭院中，就有许多这样美丽的太湖石。

太湖石是怎么生成的？不懂科学知识的古人不明白。南宋著名诗人范成大在《太湖石志》里解释说：“太湖石，石生水中者良。岁久波涛冲激，成嵌空石……名曰弹窝，亦水痕也。”另一个名叫李斗的人，也在《扬州画舫录》中说：“太湖石乃太湖中石骨，浪激波涤，年久孔穴自生。”

按照他们的说法，奇形怪状的太湖石都是波浪冲击形成的。他们不知道这是一种微型喀斯特地貌景观，是石灰岩经过长期溶蚀形成的结果。古人没有学过地质学，有这样奇特的幻想也算不错了，不能责怪他们。

太湖石在皇宫内院和达官贵人的庭院中虽然十分尊贵，但在山野里却不算一回事。

在炎热湿润的南方，石灰岩原野中有这种石头一点也不稀奇。

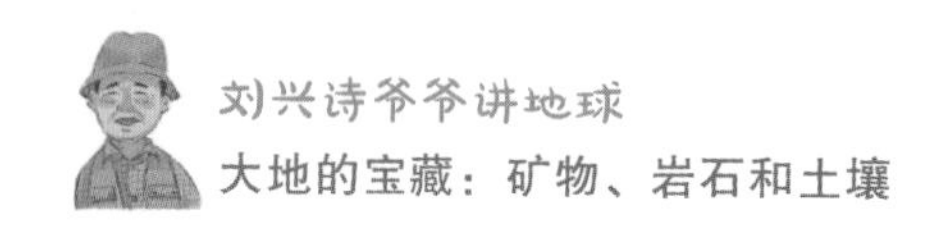

可是常言道“物以稀为贵”如果把它搬运到庭院中，特别是北方的皇宫、府邸，经过一番精心布置，一个个就变为了不起的宝贝了。

“物以稀为贵”是一个原因。美需要发现，也是一个重要的道理。

溶 孔

溶孔是太湖石最基本的“构件”，这是石灰岩溶蚀生成的玩意儿。在炎热湿润的南方，石灰岩溶蚀作用很强烈。凹凸不平的岩石表面，经过强烈的溶蚀作用，一些部位很容易被溶蚀并逐渐变薄，最后前后贯通，就成为蜂窝似的一个个大大小小的孔洞了。

针对这些奇特的孔洞，还有人编了一些离奇的故事。例如重庆附近的华蓥山一个旅游景区内，就说这里是传奇人物“双枪老太婆”练习射击的打靶场。大家虽然明知是假的，可也看得不亦乐乎。

石灰岩、白云岩

石灰岩和白云岩都是碳酸盐类的岩石。石灰岩的主要成分是碳酸钙。白云岩的主要成分是碳酸镁。石灰岩容易溶解，白云岩不易溶解。石灰岩溶解后，形成石林、落水洞、溶洞、溶蚀盆地等千奇百怪的喀斯特地貌。著名的桂林山水、路南石林等，都是喀斯特风景区。长江三峡的瞿塘峡、巫峡、西陵峡等几个峡谷段，也是石灰岩经过长江的冲击而形成的。

第十一章

汉白玉、大理石

天安门前高高竖立的华表，是用什么材料做的?

汉白玉。

天安门广场上的人民英雄纪念碑，是用什么材料砌成的?

也是汉白玉。

走进北京故宫博物院，走遍全国的名山大川，我们看到许许多多精美的牌坊、石刻，几乎都是用雪白光洁的汉白玉制作的。

汉白玉、汉白玉，耳朵都听得发热了。请问，汉白玉到底是什么东西?

人们想：汉白玉就是汉朝的白玉吧?

有人说："是啊！是啊！就是这样的。"

这样说，有什么根据?

他们说，咱们中国从汉朝开始，就用它修建宫殿，所以就把它叫作这个名字。

有人听了说："呵呵呵，弄错了。汉朝和现在八竿子也打不着。古往今来，不知有多少汉白玉的制品，难道都是从汉朝时批发

来的吗？”

哈哈哈哈！如果真是这样，汉朝可以开一个汉白玉批发公司了。皇帝当董事长，丞相做总经理，保证畅销五湖四海，生意好得很。

到北京前门大栅栏去问古董店的玉石老师傅吧。

老师傅说：“汉白玉就是旱白玉呀！”

原来这是缘于水白玉的一个品种。水白玉常常在河床里被发现，所以被叫作水白玉。后来在北京远郊的房山区，人们也发现了同样的品种，就顺口叫它旱白玉了。

汉白玉的来历，到底是和汉朝有关系，还是什么旱白玉，不用多说了吧。反正我们在全国各地看见的，统统是“Made in China”。这就足够了，还管什么汉朝和水呀旱的争论呢。

汉白玉到底是什么东西？让地质学家来回答吧。

地质学家说，这就是大理石的一种嘛。大理石是石灰岩变质生成的大理岩，其中一种白色大理石就是汉白玉。

汉白玉到底是什么东西？请云南老乡回答吧。

云南老乡骄傲地说：“这是咱们家乡的特产，欢迎大家来看看。”

云南那么大，到什么地方去看？

云南老乡说：“到大理来呀！大理的大理石最好，所以这个地方就叫这个名字。走遍全世界，用特殊岩石做地名的，没有一个有这么响亮的。”

这话说得不错，大理出产的大理石质量特别好。不信，请到大理城外的洱海边，瞻仰一下一千多年前修建的崇圣寺的三座白塔，崇圣寺的白塔就是用当地的大理石修造的。

为什么大理石那么洁白？

因为它原本是石灰岩变质而来的呀！石灰岩的主要成分是碳酸钙，本来就是白的嘛。变质成为大理岩后，一粒粒碳酸钙的结晶，就更加洁白晶亮了。

大理石都是白的吗？

那不见得！如果大理石含有一些杂质，就能生成深深浅浅的花纹，更加活泼好看。把它切开磨光，就是一幅幅天生的水墨山水画。成都理工大学博物馆里就有这么两幅巨大的大理石水墨山水画，欢迎大家来观赏。

小卡片

大理石的用途

大理岩

大理石的材质不硬也不软，非常适合雕塑造型，自古以来就是最好的雕刻原料。古今大大小小、各式各样的大理石艺术品，显示出美的风采，极富感染力，更加增添了它的价值。

大理石也是很好的建筑材料，新房子里铺上漂亮光洁的大理石地板，来一些精致的大理石装饰，是再好不过了。

第十二章

摩崖石刻的岩石学背景

咱们中国是“石刻之国”。不管北方和南方，到处都有宏伟壮观的摩崖石刻以及精美绝伦的碑铭。无数大大小小的石刻精品到处分布，令人叹为观止。例如大同云冈石窟、洛阳龙门石窟，以及四川盆地里的乐山大佛、大足石刻等，都是名扬四海的石刻造像。以石刻造像来说，绝大多数都和佛教有关。请问，这是怎么形成的？

不消说，这和文化艺术水平、技术条件、经济基础，以及不同时期崇尚佛教有关系。可是仔细分析一下，还有不可缺少的岩石学背景呢。

话说到这里，没准儿有人会问：“石刻就是石刻，还需要什么岩石学的背景？”

当然有关系啰！让我们先说几个最基本的问题吧。

常言道：“巧妇难为无米之炊。”石刻必须有石头才成，要不还能叫作石刻吗？由此又引出一个问题，有石头就有石刻吗？

呵呵呵，这是最基本的条件嘛，还用得着多说吗？

提问者不甘心，接着再问：“不管什么石头都能进行石刻吗？”

从理论上来说，这话似乎没有错。可是进一步仔细推敲，那就不一定了。想一想，就是在街边小店刻一个图章，也得选用好石头，不是什么石头都适合雕刻的。

那到底什么石头才适合雕刻呢？

简单说，用作石刻的石头，必须满足坚硬、细致两个最基本的条件。松软的泥岩、页岩，以及由鹅卵石或乱石块胶结形成的砾岩、角砾岩，当然就不成了。

你看，云冈石窟的长石石英砂岩，龙门石窟的石灰岩，乐山、大足的砂岩，泰山、华山、黄山的花岗岩，就都是石刻的好材料。如果要雕琢巨大的石刻造像，还得要岩层足够厚才成。

让我们用著名的乐山大佛来说明吧。

乐山大佛刻凿在临江的崖壁上。地质学家报告，这儿的地层是坚硬的白垩系夹关组紫红色砂岩，非常适合摩崖石刻。山有多高，它就有多高。

这是一尊坐佛，刻凿在临江的崖壁上，呈分腿坐姿，从上到下有 71 米。如果站起来，没准儿会超过 100 米。

大佛的头 10 米宽，耳朵有 7 米长，眼睛长 3.3 米，眉毛长 5.6 米，鼻子也是 5.6 米长，肩宽 24 米，手指 8.3 米长，脚背有 8.5 米宽，可以坐下 100 人。乐山大佛号称“山是一座佛，佛是一座山”，是世界上最大的弥勒佛坐像。

要雕刻出这么巨大的大佛，岩层薄了可不成。这尊大佛就是刻凿在当地的白垩系夹关组紫红色砂岩上。这种岩石非常坚硬细致，从上到下岩层很厚，便于刻凿。大佛完成后，人们为了保护它，曾经修造了一个高高的楼阁遮盖住佛像。可惜在明末战乱中，被张献忠一把火烧个精光。今天看见大佛两边崖壁上的许多孔洞，就是当年建造楼阁时，穿插梁柱的地方。

楼阁被毁后，大佛就暴露在光天化日之下了，几百年间饱受风雨侵蚀破坏，佛身受到损伤，许多地方弄得面目全非，实在太可惜了。

我国境内的摩崖石刻，还有各种各样的题词和铭文，属于文字石刻珍品，具有很高的文学艺术价值。而以石刻造像来说，绝大多数表现的都是佛教的内容。这和一些历史时期社会普遍崇尚佛教有关系。仔细观察北方和南方的石刻造像，风格有些不一样。北方石刻造像大多庄严稳重，带有明显的印度风格。南方一些地方的石刻造像，面貌却有些不一样。

记得在 20 世纪 80 年代，著名英籍作家韩素音参观大足石刻后曾就此问题问我原因，我告诉她，北方石刻造像是汉明帝派人

到印度学习佛教，沿着“北方丝绸之路”这条“官府”大道正式传进来的，受了印度造像风格的影响，所以表现手法凝重、肃穆、简洁。南方佛教却是沿着民间开辟的“南方丝绸之路”传来的，增添了许多民间的因素，所以大足石刻有媚态观音，以及许多表现民间生活的成分，当然就不一样了。

我这样解释，不知道大家同意吗？

小知识

乐山大佛的故事

乐山大佛坐落在岷江、青衣江、大渡河三江汇聚的凌云山麓，那里水势非常凶猛。特别是夏天洪水滔滔的时候，江水直冲山脚的崖壁，常常造成船毁人亡的悲剧。有一个名叫海通禅师的和尚来到这里，瞧见江水十分凶猛，为减弱水势，普度众生，就动用人力、物力，准备修凿一座大佛来镇住它。

这个工程从唐玄宗开元初年（公元 713 年）开始动工，当大佛修到肩部的时候，海通禅师就去世了。海通禅师死后，工程一度中断。隔了许多年后，他的徒弟才带领着工匠继续修建。由于工程浩大，经费不足，不久又停工了。40 年后重新开工，经过三代工匠的努力，直到唐德宗贞元十九年（公元 803 年），前后历经 90 年时间才最后完工。

修造这样一座大佛，得要有钱呀！海通禅师就走遍天下到处募捐。佛像动工后，有一个地方官派人前来索贿。海通禅师挖了自己一个眼珠放在盘子里给他，严词拒绝说：“眼珠可剜，佛财难得。”那个贪官大吃一惊，想不到为了修造这个大佛，海通禅师居然献出了自己的眼珠。人们闻讯非常感动，纷纷捐献钱财支持他全心全意修造大佛。

第十三章

花山石窟之谜

黄山下有一个神秘的花山石窟，又名古徽州石窟，自古以来就是皖南一绝。

说起石窟，人们就会想起有名的云冈石窟、龙门石窟。这儿也是那样的吗?

不，这儿没有艺术水平高超的石刻造像，而是一个个空荡荡的洞室。走进去一看，一间间宽敞的石屋、大厅和长廊相互套生连接在一起。所有的洞廊和洞室都是方方正正的，墙壁和洞顶布满清晰的刻凿痕迹。一眼就可以看出来，这是人工开凿出来的。这儿同样的石窟不止一个，几乎把整座山的肚皮都掏挖空了。严格来说，是一个规模宏伟的石窟群。

其中的 35 号窟，有 170 米深，面积达到 12000 平方米，简直像是一座地下宫殿，是全国最大的古代人工石窟。里面有 26 根巨大的石柱，还有双层楼阁、池塘、石桥和许多石屋，一些地方还有置放油灯的小小壁龛。据说洞中水池可以和外面的新安江相连，水源取之不竭，用之不尽，真是巧妙极了。

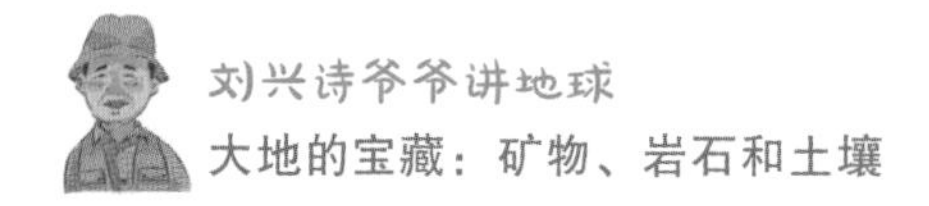

再看2号窟，它有146米深，面积约4800平方米。里面洞中套洞，廊中有廊，还发现了几件晋代的陶器和油灯等文物。其中有一个名叫“二十四柱”的石窟，洞顶上方发现上下两行神秘的图形符号，没有人能解读出来。

这样规模巨大的岩洞密布在附近山区，仅在黄山脚下的屯溪、烟村一带就有72处。这些人工开凿的石窟是什么时候、什么人、出于什么目的开凿的？史书上并没有记载，真是千古疑谜。

有人说，这是开采石料而留下的石窟。经过长期开采后，渐渐将整座山掏空了。

可是开采石料何必这样麻烦？露天开采岂不更加省事？洞中的石屋、楼阁、水塘、石桥，薄薄的石墙、平整的石壁，以及只有一个出入洞口，也不能用采石来解释。

有人说，这是用来屯兵的，实际上就是一种“屯兵洞”。洞内

花山谜窟

一根石钟乳经中国科学院武汉岩土所测定，其放射性年龄在距今大约 1600 年，相当于南北朝时期。当时战乱很多，这一带正是保卫南朝首都金陵（南京）和江防的兵家要地，不排除曾经在这里开辟岩洞，秘密驻军练兵，这里是南朝的一个军事要塞。

可是开凿这样大规模的石窟群，需要动用许多人力物力，花费漫长时间，为什么在历史上没有记载？古时作战不必防备炮火和轰炸，有什么必要开凿这样大规模的地下屯兵处所？也没法解释清楚。

有人说，这是储藏粮食的秘密仓库。古代无论战争与和平时期，粮食都是一国之本。修建这样坚固的粮仓，不怕火烧，似乎非常保险。

可是这和屯兵说存在的问题一样，似乎也没有必要在这样的深山里专门开凿石窟储藏粮食。加上在其中的 2 号窟、35 号窟内都有水塘，洞内非常潮湿，怎么可能储藏粮食呢？

有人说，这是徽商屯放盐和其他货物的地下仓库。明、清两代徽州商人财力甲天下，开辟这些石窟完全不成问题。可是盐最忌潮湿，石窟里面比外面潮湿得多，怎么可能在这里专门开凿石窟储藏食盐呢？

有人说，这是用来避难的。古时候这里位置偏僻，人迹罕至。大约在战国时期，这一带出现了穴居人，并在洞顶留下了难懂的图画文字。后人发现了这些可以居住的岩洞，便逐步扩大，使之成为躲避战乱的秘密藏身处所。岩洞开凿时期，应该在战乱较多的东汉末年至南北朝时期。这样逐渐扩大洞穴的推想，可以从洞壁上下不同的凿痕得到证明。洞内有水池、通风口、放置油灯的石孔，加上许多石柱都被凿成足形，石柱下端延伸出的方墩一律指向洞口，具有指示方向的作用，这都足以充分证明这儿是供人

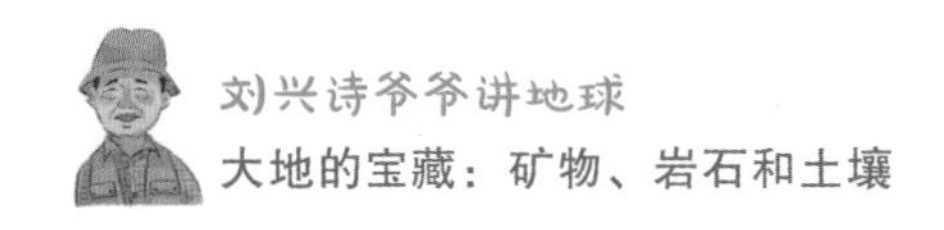

们秘密居住的地方。

开凿石窟的目的是躲避战乱，自然需要严守秘密，当然不会留下公开的记载。后来，了解情况的人们一一逝去，石窟的秘密也永远湮灭在岁月的尘埃里了。

还有人猜测，这些石窟可能是皇帝的陵墓。只有皇家陵墓，才可能修造成这样规模宏伟的地下工程。

可是这里已发现的石窟就多达72处，短短的南朝哪有那么多皇帝？这里距离京城遥远，并非哪一朝皇帝的老家，有什么必要把许多皇帝都埋葬在这里？

又有人以为这可能和宗教有关系。道家喜欢住在洞穴修身养性，没准儿这是道家的一处福地，也可能是其他宗教的活动场所。

可是洞中没有任何神道和宗教的图画塑像，这儿历来也不是有名的宗教圣地，这个说法也缺乏依据。

此外，甚至还有荒诞无稽的外星人建造说。更有人无视古代文明的技术水平，不负责任地东拉西扯，说什么这里地处神秘的北纬30度，和埃及金字塔、百慕大三角在同一纬度上。这是宣扬伪科学，完全没有讨论的价值。

我在这里仔细考察后，基本支持避难说与采石的说法，但是情况并不是这样简单。三国时期居住在浙西皖南一带的山越人，的确有穴居的习惯，不排除最早有开凿石窟居住的可能性。特别是南北朝时期以来，战乱不断，兵匪为祸，以避难为目的开凿石室容易理解。随着历史条件的变化，在社会环境逐渐安定，经济逐渐发达的新条件下，转变为以采掘石料为主，也是可以理解的，不能简单机械地将石窟的成因归于某一个单纯的目的。

当时，徽州一带修建民居、桥梁、牌坊、坟墓、道路，以及一些水利工程，都需要大量石料。从这里还可以通过新安江，将石料运输到浙西各地，因而在此开凿石料是必要的。随着时代的发展，各种各样的原因促进了这里石窟群的发展。古徽州城下的唐代渔梁坝，是我国现存仅有的古代石质滚水坝，号称“江南都江堰”，应该就是用从花山石窟开采的石料修建的。

花山石窟的岩层背景

花山石窟的岩石主要是侏罗系洪琴组、炳丘组的岩屑砂岩、含砾砂岩。岩性坚硬，岩层比较厚。这是良好的建筑材料，没有这样的岩石基础，就不能开凿成如此规模的石窟群。需要一提的是，附近还有特殊的砂岩石林景观，也是同样的岩石形成的。

花山石窟和南京石头城

花山石窟和南京石头城没有一丁点儿关系。可是有一位专门研究文学的教授发表意见说，花山石窟开采的石头，被用来修建南京石头城了。这个说法后来流传开来，必须在这里说清楚。

石头城是三国孙权时代，在江边一个名叫石头山上修造的一座古城，并不是南京城。今天所见的南京古城墙，修建于明代，除了墙基是真正的石头，上部城墙统统是砖砌的。从保证质量的责任制出发，每批城砖上都刻有输送地点以及负责的官员、工匠姓名。再说了，城基的石料主要来自当地的早第三纪浦口组赭红色砂砾岩，与花山石窟的岩石不是一回事。

第十四章

古代蜀族“石室”的争论

李白在《蜀道难》中说：“蚕丛及鱼凫，开国何茫然！尔来四万八千岁，不与秦塞通人烟。”

蚕丛是谁？就是生活在西边龙门山中的岷江河谷里，成都附近三星堆古蜀族最早的祖先。他们在那儿的生活情况怎么样？有书为证。

一本古书《蜀王本纪》中记载说：“蚕丛始居岷山石室中。”

这段话流传下来，就成为古时当地人居住状况的主要根据。本地考古学家纷纷考证，大多数认为，“岷山”不消说就是龙门山。顾名思义，“石室”就是“石头房子”。当时蚕丛带领的古蜀族，就居住在这样的“石室”里。

那是什么样的“石室”？有人说，那就是洞穴嘛。你看，北京猿人、山顶洞人都住在洞穴里。从字面理解，蚕丛的“石室”必定也是如此。

真是这样吗？那才不见得！

作为曾经在这里长期工作，几乎走遍所有区域的地质工作者，我需要向大家报告的是，这一带沿江出露的岩层，主要是一套古生代至中生代的浅变质岩，以千枚岩为最多。也有一些更加古老的元古界变质岩类，以片岩和板岩为主。虽然也有过去地质时代的石灰岩，但全都浅变质结晶化了，绝对不能溶蚀生成常见的巨大溶洞，供人们居住。

请注意，我说的是“绝对”，就是说根本不可能！道理很简单，没有石灰岩，怎么可能生成溶洞？

不是洞穴，还会是什么？

请大家换一种思路吧，是不是利用特殊的石材修砌的“石室”？

这倒是可以的！而且应该是这样。

这里到处分布着变质生成的板岩和片岩，特别是当地常见的震旦系陡山沱组板岩，或更早的黄水河群绢云母石英片岩、石墨片岩、阳起石片岩等。这些岩石经过风化后，很容易一片片自然剥落，堆积在山坡上，它们又宽又平，好像是厚薄不一的天生石板。有这样好的天然建筑材料不用才是傻子。

聪明的蚕丛或其他首领，很可能看上了这些天然的石板和石片，指导民众用来搭建特殊的“石头房子”，就形成古书上所说的“石室”了。

今天在这一地区可以看见，到处都是用这种板岩和片岩做瓦、石头砌墙的石头房子，还有碉楼、围墙等，这些建筑成为当地羌族和藏族特有的建筑形式。有这样天生的一片片、一块块的建筑材料不用，那才奇怪了。如果按照一般说法，古蜀族属于羌族体系，很可能蚕丛就是首先发明这种“石室”的老祖宗。

古时这里还有不少用大石板砌成的石棺墓，所谓“戈基人”之墓。这些砌墓的大石板，显然也是成层剥落的板岩石板。这种

四川省阿坝松岗碉楼

就地取材的特殊房屋和墓室建筑，会不会是古蜀文明的一个特点？

遗憾的是不管我们地质工作者怎么说，一些考古学家就是不相信，习惯了从“前人”以及“前人”的“前人”写的文章中，引经据典找根据，不愿意走进实地现场考察一下。

请让我也在这里引用几位“前人”的话，说一说认识论的观念吧。

王安石说：“读书谓已多，抚事知不足。”

陆游说：“纸上得来终觉浅，绝知此事要躬行。”

培根说：“读书补天然之不足，经验又补读书之不足。”

归根结底一句话，实践出真知。读万卷书，还得行万里路。认识上的什么问题，不能唯古是从，不是任何“前人”的片言只语所能决定的。时代在进步，必须相信相关的科学。所以我在参与成都理工大学的校训制定中，坚持主张使用了“穷究于理，成就于工”这八个字。意思是说，读书不能不求甚解，必须挖根问到底。但是这样还远远不够，还必须认真结合实践，才能真正有所成就。顺便说一下，其中还包含了“成理工”三个字。

小卡片

板岩、片岩、千枚岩

这三种岩石都是变质岩。

板岩是以泥质和粉砂质成分为主形成的一种变质岩，板状劈理发育得十分成熟，可以一块块剥落下来，作为建筑材料，或者石碑、砚台的原料。

片岩的特征是具有特殊的片状构造，比板岩薄，也可以一片片剥落，作为屋瓦等建筑材料。

千枚岩的特点是具有特殊的细粒鳞片变晶结构，以及千枚状构造。

板岩

板岩和砚台

笔、墨、纸、砚“文房四宝”中，砚台质量的好坏和岩石息息相关。虽然古代也有铜砚、玉砚、陶砚和泥砚，但是最好的还是人人喜欢的石砚。

历史上有名的砚台包括端砚、歙砚、洮砚、澄泥砚。这“四大名砚”中，除了澄泥砚外，其他基本上都是用板岩制作的。这种岩石细腻致密，能够“贮墨不涸”。唐代文学家陆龟蒙在一首诗中说“坐久云应出，诗成墨未干”，就是最好的写照。

其中，产于古代端州（今广东肇庆）端溪的端砚取材于绢云母泥质板岩。欧阳修被贬到安徽滁州当太守的时候，在城外琅琊山半山腰上修建了一座醉翁亭，在这里写下了著名的《醉翁亭记》，就是用笔蘸着一方端砚里的墨汁写的。

产于古代歙州（今安徽歙县、江西婺源一带）的歙砚，甘肃洮河的洮砚，也都取材于板岩。

此外，号称贺兰山红、黄、蓝、白、黑的“贺兰五宝”之一的“蓝宝”——贺兰砚，砚体也是含石英的粉砂质板岩。

在古代名砚中，除了用板岩制作，也有用同样细腻的泥岩、页岩制作的砚台。如有名的苏州澄砚，就取材于二叠纪的一种泥质岩石。

第十五章

天上落下来的石头

陨石也是一种石头。只不过来自天上，而不是地球。

宋代大科学家沈括在《梦溪笔谈》里，记述了一件奇怪的事情。

北宋英宗治平元年（公元 1064 年），在今天的江苏常州，太阳快要落山的时候，忽然天空中发出一阵打雷似的巨响。人们瞧见一个巨物从东南方斜飞向西南方。不一会儿又传出一阵响声，巨物坠落在宜兴县一个姓许的人家的后院里。坠落物烧着了竹篱笆，远近都能看见熊熊火光，把人们吓坏了。

一会儿火光熄灭了，人们大着胆子走近一看，只见地上被撞击成一个坑，里面有一个红彤彤的东西，这就是天上坠落下来的物体了。它似乎还在燃烧，热力逼得人们不能走近。

又过一阵子，它也渐渐熄灭了，人们才敢拿起锄头把它挖出来。原来是一块圆溜溜的黑石头，用手摸着还有些微微发烫呢。

州官郑伸也来了，认为这是天赐的吉祥宝物，连忙把它恭恭敬敬送到润州（今天的镇江市）金山寺里收藏，引来无数好奇的人前来拜谒参观。

沈括记述的这块天上飞落的烫石头是什么？就是陨石呀！

咱们中国早就有陨石的记录了。有一本叫《竹书纪年》的古书，记录了公元前 1809 年出现在夏代的一次流星雨，有“帝癸十年，五星错行，夜中陨星如雨”的记载，把时间和具体情况写得一清二楚，是世界上最早的陨石记录。

从这以后，有关陨石的记载越来越多，留下许多趣闻。随便翻看几本书，就有许多例子。

南北朝时期，陈后主祯明二年（公元 588 年）五月，天空中忽然轰隆隆一阵巨响，落下一个斗一样大的怪物，原来是烧红的陨石，不偏不倚正好砸进一个铁匠作坊的火炉里。只听得砰的一声，砸得炉子里的铁汁飞迸，引起一场熊熊大火。

元英宗至治元年（公元 1321 年），发生了一场陨石雨，陨石击穿许多房子，砸死许多人，还砸碎了山上的巨石。谁遇着，谁倒霉。

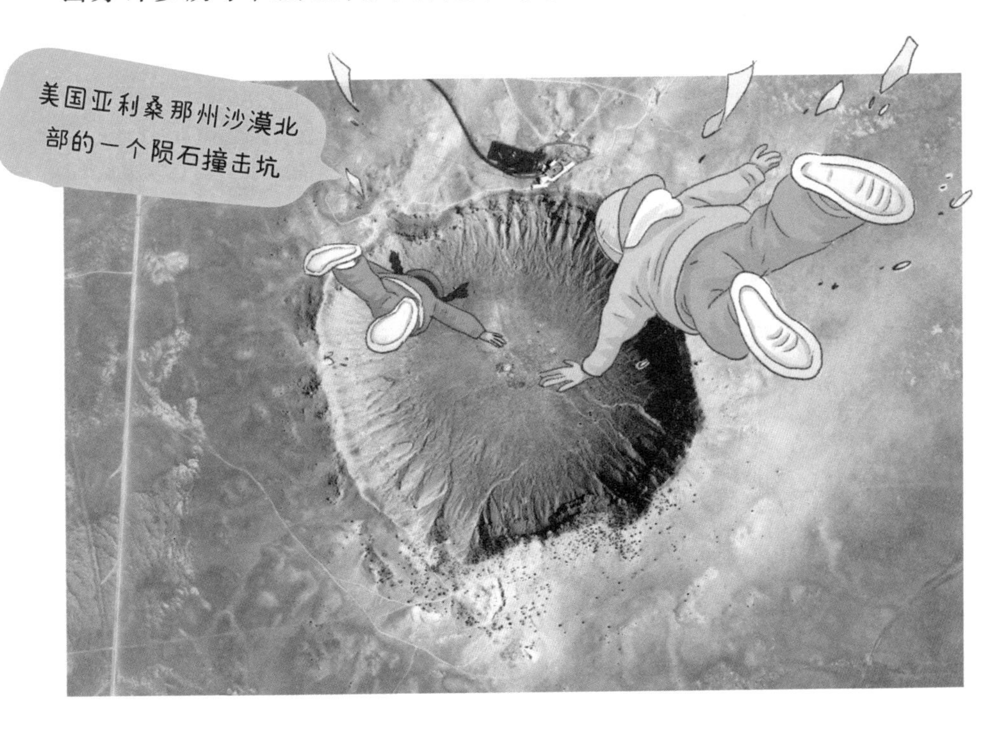

明世宗嘉靖十二年（公元 1533 年）十月，镇江大白天落下一场陨石雨，吓得船夫们不敢开船。同一天，广东潮州、海南岛琼州也出现同样的现象。由此可见这场流星雨的规模有多大。

明熹宗天启六年（公元 1626 年）闰六月二十一日晚上，一颗火流星从西南方向飞来，坠落于山东登州的城楼上，轰的一声砸中了火药库，立刻引起爆炸。房屋倒塌了，压死了一些值班军士。

1976 年 3 月 8 日下午发生的吉林陨石雨，人们更加记忆犹新。在将近 500 平方千米的范围内，落下来 100 多块大大小小的陨石。

陨石是从哪儿来的？古时候迷信的人们认为天神生气了，就会扔几个小石头。还有人以为这是上天对人间的警示，如果什么地方要出事了，相应的区域就会落下石头，提醒人们注意。就连春秋时期有名的历史学家左丘明在《左传》里，也煞有介事地认为一次陨石坠落，预示鲁国和宋国将会发生政局变动。倒是战国时期的荀子说这不过是“天地之变，阴阳之化”，没有什么可怕的。可怕的是农耕失时、政令不明、礼义不修的人祸。

其实陨石一点也不稀奇。晚上仰望星空，也许能瞧见一颗小小的流星，拖着长长的尾巴，从天空中坠落下来。它落在某个地方，被人们发现，就是陨石了。

话说到这里，人们不免有些担心。天上有这么多的陨石落下来，万一砸在脑袋上怎么办？不被砸死，也会骨断筋折，真是祸从天降呀！

放心吧，陨石砸在脑袋上的概率小得几乎用不着考虑。别瞧天上一颗颗流星落下来，当它们穿过地球大气层的时候，由于速度很快，会摩擦燃烧，这就是我们看见流星总是拖着发光尾巴的原因。摩擦燃烧的结果是，无数小陨石还来不及到达地面，早就烧得精光了。拾起一块陨石看，表面总是烧得黑乎乎的，这就是最好的证明。人们有了头顶上的大气保护盾牌，还有什么好怕的？

陨石来源于太空。有的是小行星破碎后形成的，有的是彗星碎片。1872 年 11 月 27 日，比拉彗星飞过的时候，引起一场壮观的流星雨，整整持续了 6 个小时。13 年后的同一天，它又出现了，带来同样一场流星雨，就是最好的证据。

我国古代十分注意天象，陨石也是关注点之一。在历朝历代的历史书，各地的方志，以及许许多多的文人笔记中，都不放过陨石的记录，我国是世界上陨石坠落记载最多的国家。如果在这里将它们统统罗列出来，就会是厚厚的一本书。

陨石的种类

天上坠落的陨石，是不是全都是石头？

不，陨石的成分非常复杂。有的是石头，有的是铁，还有石铁混合物。

世界最大的铁陨石是非洲的戈巴陨铁，重 60 吨左右。我国新疆的“银骆驼”陨铁，重 30 吨左右，位列第三。

世界最大的石陨石是吉林陨石雨的一号陨石，有 1770 千克重。美国的诺顿陨石重 1079 千克，为世界第二。

世界最大的石铁陨石是山东莒南的“铁牛”陨石，它有将近 40 吨重，是名副其实的世界冠军。

第十六章

笑掉大牙的假陨石故事

常言道："物以稀为贵。"天上落下来的陨石，不是咱们地球的土特产，可遇不可求，当然就身价百倍啰。

这一来，形形色色的假陨石就一个个冒出来了。仅仅我就遇见了十多起。有的是爱好者的误会，常常兴致勃勃跑大老远送来鉴定，说清楚情况也就算了，这些爱好者虽然空欢喜一场，但是探求科学的精神还是值得肯定的。可有些就不一样了，请听我讲两件事吧。

1985 年，我担任成都附近邛崃县的项目开发顾问，在一些当地官员的陪同下，来到城内有名的文君井公园参观。一眼瞧见场馆厅堂正中央，摆放着一块石头，标签上写着"天落石"三个大字，说是天上落下来的陨石，为该地的"镇馆之宝"。

这明摆着就是当地和名山县（今名山区）之间广泛分布的第四纪更新世"名邛砾石层"的一块巨大砾石。我不知在这一带考察过多少次，"名邛砾石层"这个名字就是我命名的，并将它写进论文和专著，得到学界普遍承认。这是山洪冲来的鹅卵石，怎么能当成是天上坠落的陨石？

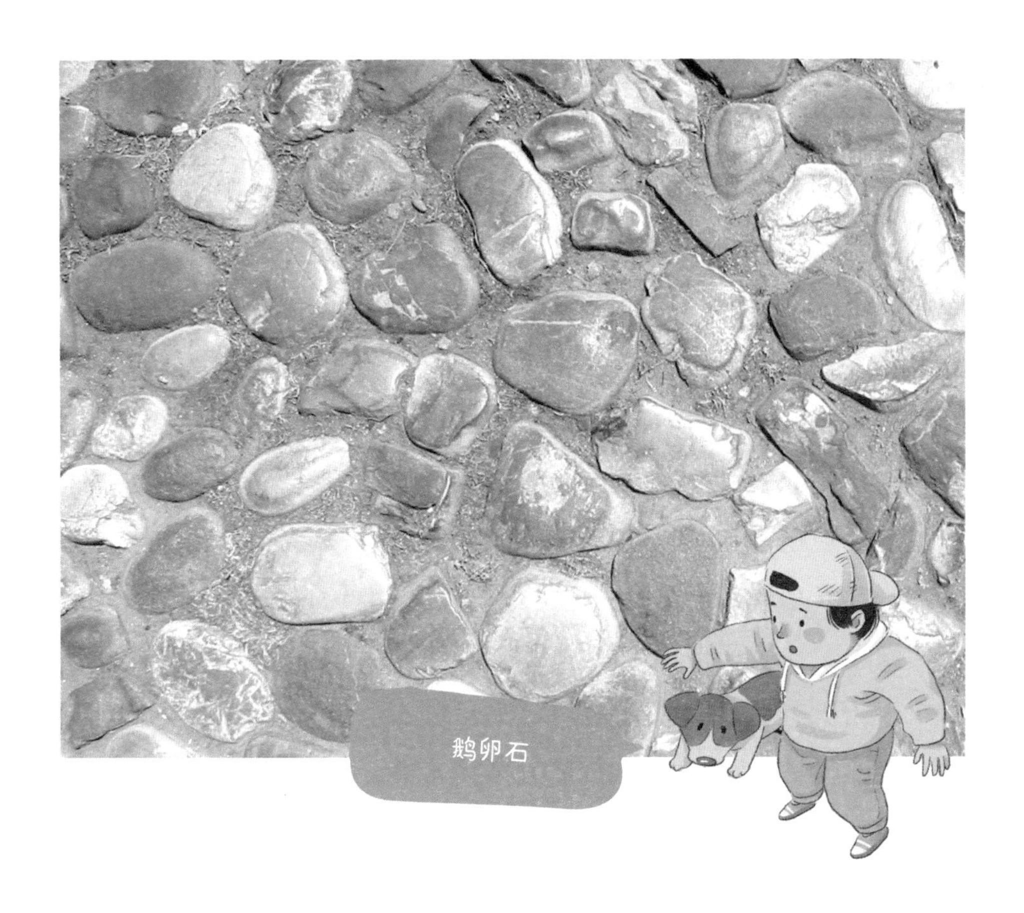

鹅卵石

我提出意见，身边一个工作人员连忙解释说：“这是从前一位老和尚说的。”

我问他：“你们相信和尚，还是相信科学？”

一位县领导立刻表态说：“撤掉！赶快撤掉！”我点头放心走了。想不到20多年后，一个记者带我来，发现这块“天落石”依旧原封不动地放在原地，照旧还是这儿的“镇馆之宝”。迷信的顽固力量不是一天两天能够铲除的，大大妨碍了科学普及。这件事真值得深思。

另一个关于“陨石”的笑话，来自文物市场。记得在两年多前，一个记者邀我去鉴定几块“非常重要”的“陨石”。驱车来到彭州一个农民的小院，那位“陨石”收藏家笑容满面地把我们迎接进去，展示了他收藏的一大堆珍贵“陨石”。

请注意，这不是一块、两块，而是一大堆。看来天上的神仙特别照顾他，在他家周围投放了这么多罕见的天外礼物。

其中一块，据他说是“火星陨石”，连通常的熔壳和气印也没有，就是一块奇形怪状的石头。为了说明这是真的，他把这个玩意儿放进一个玻璃罩里，放在太阳下烘烤，不一会儿就蒸发出许多水分，他一本正经地说：“这就是来自火星的证据。”

哈哈！根据航天观测，火星表面干燥得没有一滴水，这么丰富的水蒸气是从哪儿来的？这能说明什么？

做完了这个所谓的“科学实验”，他不无自傲地说：“有人开价上千万元，我不会卖。这块‘火星陨石’按理值上亿元。我这人不贪，但是起码也要5000万元才能出手。”

为了证明货真价实，他拿出了一份成都某文物市场一位所谓专家的鉴定书，作为“过得硬”的证明材料。

我问他：“有南京紫金山天文台那样正规天文研究机关的鉴定吗？”

他回答说：“我到过那里，他们说这就是真正的火星陨石，世界上只有这一块，价值很高。”

我问他：“有鉴定书吗？”

他说：“天文台说，开鉴定书要花很多钱。考虑到我花费了不少路费，就照顾我不用开了。”

为了证实自己的话，他又掏出一张站在紫金山天文台大门外拍摄的照片，作为到过那里的证明。看来这位收藏家的准备非常充分，就只差到联合国教科文组织门口，也咔嚓拍一张同样的照片了……

同样的案例还有很多。由北京天文馆参与主办的《天文爱好者》杂志刊发文章，指出某地的陨石拍卖会上拍卖的陨石没有一个是真的，竟引起一些人不满，说这是造谣污蔑，不懂陨石，甚至建议撤销北京天文馆。

唉，破除迷信，宣传科学，真的还任重道远呀！

雷公墨

雷公墨，这是古代广东雷州半岛一带的人们对雷雨后在泥土中发现的一种黑色玻璃质岩石的称呼，认为这是雷电造成的。其实这是一种特殊的玻璃陨石，也有人说是陨石冲击地球所形成的一种熔融石头。

第十七章

社稷坛上的“五色土”

喂，朋友，到天安门广场去参观，可别忘记看看天安门西侧的中山公园。

顾名思义，中山公园就是纪念革命先行者孙中山先生的地方啦！

这样说，也没有错。在这个公园里，竖立着孙中山先生的铜像，有花有草，是一个美丽的公园。这儿还有一个第一次世界大战后，题写着“公理战胜”，后来改名叫“保卫和平”的汉白玉牌坊。除了这些，还有一个十分著名的场所。

知道吗？这是从前的社稷坛。

人们都知道北京城内有天坛、地坛、日坛、月坛、先农坛。但有人还不知道社稷坛呢，得要认真看看才成。

天坛祭天，地坛祭地，日坛祭太阳，月坛祭月亮。先农坛祭祀教民耕种的神农氏——我们自古是农业国家嘛，不好好祭祀一下他，那可不成呀！

社稷坛祭什么呢？

请你先仔细琢磨一下“社稷”这两个字吧！

“社”是土地，“稷”是谷物。土地和谷物是一个国家社会的根本。没有土地，算什么国家？没有粮食，老百姓吃什么？不认真祭拜土地神和谷物神，这行吗？

社稷坛实在太重要了。到底有多重要，请看一看它的位置就明白了。包括著名的天坛、地坛在内，在北京城内所有的祭坛都摆放得远远的。社稷坛却紧紧挨靠着皇帝居住的紫禁城，和天安门东边祭祀皇家祖宗的太庙（今天的劳动人民文化宫）左右对称，按照古老的《周礼》“左祖右社”的说法排列，显示一种最重要的礼制观念。这儿是古代全城心脏所在的地方，地位显赫，由此可见它有多么重要。

这个祭坛还可以与有名的天坛相提并论。走进去一看，外表

却大不一样。天坛是圆圆的，它却是四四方方的，这体现了古人“天圆地方”的传统观念。两相比较好好想一想，这还包含着原始朴素的天文学与地理学的认识呢。

它和天坛不同的，不仅是“圆”和“方”的问题，在建筑风格上也有很大的区别。二者同样是汉白玉栏杆或石台围绕，一层层阶梯向上抬升，外表非常庄严，可是在精心修砌的平台上，天坛耸起一座举世闻名的圆形宏伟建筑，这儿却空荡荡的什么也没有。人们不禁会问，这是怎么一回事？莫非人们忘记修建，要不就是后来被毁坏了？

不，这里本来就没有什么建筑物。要说有什么像样的东西，那是原来有一根石头方柱子，竖立在坛台中央，名叫“社主石”，又称“江山石”，用坚硬的石头表示“江山永固”的意思。

其实在这儿最最重要的，是全国各地进贡来的“五色土”。“五色土”仔细地铺在祭坛上，这才是整个社稷坛的灵魂，国家权力的象征。

你看，中间是黄色，东方青色，南方红色，西方白色，北方黑色。五种不同颜色的土壤，整整齐齐分布在中央和四方，所以叫作“五色土”。在祭坛四周修建的四色琉璃墙，东边蓝、南边红、西边白、北边黑，四面各自竖立着一个汉白玉牌坊，显得十分庄严肃穆，也含有同样的意思。

好奇的孩子们没准儿会问，真有这样不同颜色的土壤吗？

当然是真的！

我们都知道，包括黄土高原、黄河中下游的中原大地，到处都是黄土地。可是在别的地方，土壤颜色就不是这样了。

你看，在寒冷的“北大荒”，分布着厚厚的黑土，拖拉机翻土的时候，好像卷起了层层黑色的波浪。炎热的南方原野到处都是红土，好像是用红色颜料涂抹过似的。潮湿的东方土壤颜色有些发青。干旱的西部缺乏有机质，土壤就普遍发白了。“五色土”是一个最好的模型，包含了全国的神圣疆土，也表现出咱们国家四方土壤的真实分布情况。社稷离不开土地，这也是对它最好的总结呀！

“五色土”不仅显示了全国土壤的颜色，还包含了古代“普天之下，莫非王土”的意思，以及金、木、水、火、土为万物之本的五行观念。认识中国的土壤，了解四面八方的自然环境，应该从这里起步。这也向全世界宣示了咱们国家的主权，意义非常重大，包含的内容可丰富啦！

喂，朋友，你说呢，到了天安门广场，不去看看社稷坛里的“五色土”，好好认识一下不同的土壤，是不是太遗憾了？

“五色土”的其他含义

有人说，“五色土”还有别的意思。

中央黄色象征黄帝的统治，东方青色象征东方的太昊，南方红色象征南方炎帝，西方白色象征少昊，北方黑色象征颛顼。四方不同的部落，辅佐中央的黄帝，有民族大团结的意思。

有人又说，东方青龙，南方朱雀，西方白虎，北方玄武，中央麒麟，也有一种地理学的含义。

第十八章

富饶的黑土地

茫茫的“北大荒”是富饶的“北大仓”。

“北大荒”是怎么变成“北大仓”的？这和当地的黑土分不开。

请你抓一把这儿的泥土看看吧。黑色的泥土似乎可以挤出油来，这就是黑土了。

在广阔的原野上，跟在翻土的拖拉机后面看一看吧。随着锋利的犁铧翻起的泥土，活像一层层黑色的波浪，赫然映现在人们的眼前。

从课堂里走出来的孩子有些不明白，书本上从来都说的是黄土地，怎么这儿变成了一片乌黑？是不是墨水被打翻了，还是浸透了黑色的油漆？

哈哈！泥土的颜色和墨水、油漆有什么关系！难道黄土地也是黄色油漆染的吗？

噢，真奇怪呀！为什么这儿的泥土这么黑，黑得像是爱美的人们染发用的名牌油剂？

开拖拉机的叔叔说：“抓一把土仔细看看吧，秘密就在里面呢。”

听话的孩子抓起一把土细细一看，果真看出了其中的秘密。

这一把土似乎有些油腻腻的，和海边的沙子、自己老家的黄土都不一样。再一看，从深处翻起的泥土里，还含有许多没有完全腐烂的草根和树叶呢。全都是黑乎乎的，这就是泥土最好的“染色剂”。

开拖拉机的叔叔说：“这是宝贵的腐殖质呀！泥土里有这么多腐殖质，不变成黑色才怪呢。”

是啊！是啊！这儿的土壤颜色，就是被腐殖质染黑的，难怪叫作黑土。这么多的腐殖质，就是最好的天然肥料，比人工施的化肥不知要好多少倍。

再仔细一看，土壤里一颗颗土粒，凝聚在一起，形成了特殊的团粒结构。不仅肥力高，土粒中间的空隙还能储存空气或者水。

水、气、肥聚集在一起，好像形成了一个个奇妙的微小肥料库。想一想，这儿的土壤不肥沃，那才奇怪了。

跟着拖拉机跑的孩子仔细看，快速翻滚的犁铧翻出的泥土统统是乌黑的，一丁点儿杂色也没有。

好奇的孩子问开拖拉机的叔叔："这儿的黑土有多厚，怎么见不着底呢？"

坐在拖拉机上的叔叔告诉他："黑土可厚呢！少说也有七八十厘米，有的地方还有一米多厚哩。"

噢，这么厚的黑土，可见积累了多少腐殖质，这儿的自然植被可沾光啦！

孩子又问："这儿的黑土需要灌溉吗？"

叔叔说："这儿泥土里的水分本来就很充足，哪还要什么专门灌溉呀！"

啊，黑土呀黑土，真是富饶的宝库，可谓大自然送给我们最好的礼物！难怪人们那么留恋这个地方。难怪有一年春节联欢晚

会上，一个歌手唱了一曲《这片黑土地》，感动了那么多的人。

黑土地，我爱你！“北大荒”，我爱你！

“北大荒”是名副其实的“北大仓”，生活在这儿的人们真幸福呀！

小卡片

黑土、黑钙土、栗钙土、棕钙土、灰钙土、黑垆土

这些土壤都是草原土壤。依照湿润和干燥程度，在我国北方的草原地带，从东向西排列分布。

黑土生成在温带的湿润地区，草原植物和水分都很丰富，分布在松辽平原中部。黑钙土分布的地方略微有些干燥，它在腐殖质层下面生成了钙积层，所以叫这个名字，分布在黑土地带的边缘。栗钙土更加干燥了，上面的腐殖质层更薄、含量更少，下面的钙积层更厚，分布在内蒙古东南部、呼伦贝尔草原西部，以及西北一些山区的山间盆地里。和前面几种土壤比较，棕钙土、灰钙土所在的地方最干燥。棕钙土主要分布在内蒙古高原中西部、新疆准噶尔盆地北部和中部，沿着栗钙土的边缘，东、西、南三面环绕着沙漠地带。灰钙土更加不用说了，腐殖质含量更少，分布的范围也更加接近沙漠了。

黑垆土是个例外。和黑土、黑钙土相比，其分布的位置偏于西边，主要处在黄土高原地带。虽然这儿气候比较干燥，可这儿是我国农业历史最悠久的地方。在特殊的黄土环境条件下，加上几千年长期耕种的人类活动情况，对土壤形成产生了非常深远的影响。疏松多孔的黄土，使草根可以伸展到土层很深的地方。植物死后留下的腐殖质，也能逐渐积累下来，大大提高了肥力。悠久历史的沉淀加上人类的积极作用，让它的特点在这儿得到最好的体现。

第十九章

华北平原的土壤分布规律

1957年，我有些发愁。

那时候，我的老师，也是单位的顶头上司王乃梁先生，给我布置了考察华北平原其他地貌的任务。这里是一眼望不见的大平原，地貌差别很小，怎么完成这个任务呢？

这里是一片典型的冲积平原。眼前的地貌，统统是古往今来一条条河流来回摆动冲刷，一层层泥沙淤积而形成的。

俗话说："兵马未动，粮草先行。"又有一谚语说："不打无准备的仗。"怎么办？先动手收集资料吧。除了必需的一些基本材料和地图，我一脑袋扎进了图书馆，翻阅典籍，请老祖宗指点迷津。

找呀、找呀，一些值得注意的东西，从古今一些图书和文章中浮现出来了。

在河北中部一些地方的古代县志中，常常出现"无影山"的记载。

山就是山，山和人一样，都是有影子的。这些没有影子的山，是什么玩意儿呢?

难道压根儿就没有这回事，全都是捕风捉影的? 既然这样，为什么又在许多地方正儿八经被记下来。这岂不是没事找事，自己哄骗自己吗?

除了这种神秘兮兮的“无影山”，还有一些带“洼”字的地名。

不，无风不起浪，其中必定有原因。

华北平原出产棉花和小麦。从一些农业调查的材料看，这两种最基本的农作物，往往种植分布得很有规律。一片片棉花产地，常常分布在小麦产地的两边。我想，这不会是偶然的，得要联系那个“无影山”，到现场去看看。

对照着手里的地图，一座座“无影山”终于“找到”了。可是找到又等于没有找到。地方就是那个地方，眼前却什么山的影子也没有，难怪叫这个名字。

这是一个地方的孤例吗?

不，华北平原的许多地方都有这种古怪的“无影山”。

仔细一看，哦，明白了。原来这是一些比周围略微高一些的“高坡”。说高，也不是太高，不过比周围高一丁点儿罢了。如果不是靠观测仪器的帮助，肉眼很难分辨。

值得注意的是，在这些比较高的“无影山”旁边，常常还有一些沙丘分布。在一排排沙丘之间，是早就干涸了的古河床。

这些“无影山”常常不是一个孤立的点，往往是一片相对比较高的地方。通过一道道平缓得几乎没法察觉的斜坡，通往下面的洼地。

说洼地，也不是像什么盆呀碗呀的底部，是十分明显的地形。

航拍视角下华北平原的庄稼与水渠

这些洼地非常宽浅，呈现一个个大碟子一样的地形——这就是“洼”了。

这样的地形组合形式，结合当地农作物分布，显现一幅非常有趣的微地貌和土壤分布图。

瞧呀！在平时没有水，有时在雨季暂时局部积水的古河床内，种的是不怕积水的高秆作物。

古河床两边的一溜溜沙丘上，种了许多果树。果树结出甜丝丝的水果，也可以固沙，不让流沙蔓延，真是一举两得。

再往外面走，就是一些“无影山”以及一片片斜坡，是最主要的棉花种植地。这里的土壤不黏也不是沙土，不会积水烂根，非常适合主根作物棉花的生长。

在最低洼的洼地里，是河流泛滥时最细的黏土沉积。这种土壤的孔隙度很差，只有小麦这样的须根作物才能在这里生长。

这种微地貌和土壤分布规律，与众多河流泛滥摆动有密切关系。这里的多沙性河流的河床，常常是高出地面的“悬河”。随着河水泛滥，就形成了这种从河床、斜坡到河间洼地，从沙土、壤土到黏土，由近而远的水平分布规律。微地貌分布规律，也就清清楚楚了。

小知识

如何简单鉴定土壤的粒度

按照粒度划分，一般土壤可以分为沙土、壤土、黏土三大类。鉴定的方法很简单：加水后也很难捏合在一起的是沙土；加水后可以捏合并搓成细条，但是弯曲的时候会产生裂缝的是壤土；加水后可以捏合搓成细条，并能弯曲不裂的是黏土。

第二十章

黄泥巴、红泥巴

这是一个真实的案例。

我说是“案例”，因为这的确是一个真实发生的小案件。我自己就是当事人，绝对不是虚构。

20 世纪 70 年代，当时成都的公检法系统基本停摆了。成都警备区成立了两个收容站，暂时执行公共安全任务。其中一个设在成都地质学院，我担任办公室主任，负责一些具体事务。

有一天，一个在公共场所无理取闹的人，激怒了周围群众，以扰乱公共秩序的名义被扭送到我们这里，接受批评教育。这本来是一件不大的事，批评几句就可以释放。可是当我看了他的证件后，突然发现这是一个假证件，引起了警惕。

这个人自称是四川省中部某县某单位的工作人员，世世代代都住在那里。拿出来的一张出差证明说是单位发的，看起来很正规。我忽然发现了问题，因为我觉得证明上的公章字样十分眼熟。原来是不久前，我们在执行一次任务中，从一个私刻公章的窝点缴获过，章刻在一个黄杨木象棋子“红兵”的背面。这种象棋子的尺寸正好和当时一些公章一样，犯罪分子就利用这一点，私自刻了许多“公章”出售。

我心中有数了，暂时撇开审查的问题，转而问他：“你说是那里的人，问你一个情况好吗？”

他听了微微一怔，神情有些紧张，外表却还保持住镇静，不知道我会怎样“刁难”他，提问什么难题。

我发现了他的内心惶恐，不动声色地问：“你能够告诉我，那里的泥巴是什么颜色吗？”

这个人想不到，居然会问他这样简单的问题，一下子放松了绷紧的神经，长长舒了一口气，大大咧咧说：“嗨，就是黄泥巴嘛！”

我提醒他：“你再好好想一想，到底是不是黄泥巴？”

他完全放松了，大声说道：“当然是黄泥巴啰，还有什么好说的吗？我正忙着呢，如果没有别的什么事情，我可要走啦！”

这一来，我更加清楚了，板着面孔对他说：“你胡说！那里是红泥巴！”

他做梦也没有想到，会在这样的问题上露了馅儿，显然有些慌乱了，气势不再那么嚣张，却还极力狡辩，一再声称他就是那个地方、那个单位派出来的出差人员，绝对没有错。

看来这个家伙是不见棺材不落泪了。我不再和他啰唆，转身对一个助手说：“把保管室里的那个‘红兵’拿来。”

我把那个象棋“红兵”握在手里，再一次向他交代政策：“坦白从宽，抗拒从严，必须老实交代，不许说假话。”并扬起捏紧的拳头，最后警告他：“我再给你一次机会。如果不交代清楚，我一打开手，你就没有时间了。”

他不知道我手里捏的是什么东西，还妄想蒙混过去。我张开手将那个“红兵”，蘸着鲜红的印泥，在他的所谓身份证明上盖下去，和伪造的公章字样并排在一起。叫他自己看，完全一模一样。

往后的事情还用多说吗？他面对这一切，一下子傻了眼，被我们控制起来。最终查明他是一个流窜诈骗犯，将他转送到他该去的地方了。

话说到这里，人们不禁会问，为什么我知道当地泥土的颜色？为什么那儿的泥土不是通常的土黄色，而是红色的？

说来道理很简单。因为我恰巧在那里考察过，印象十分深刻。我知道那里广泛分布白垩系晚期的地层，以厚层砖红色泥岩为主。岩石风化后生成的土壤，当然也就是这个颜色。

这件事可巧了。恰巧我们缴获了那个假公章，恰巧我在那里考察过，似乎是瞎猫撞着死耗子。不过也证明了一个根本法则：天网恢恢，疏而不漏。

呵呵呵，这是一场不折不扣的“科学审案”。想不到岩层和风化后的泥土颜色，在这儿也派上了用场。

风化作用

自然界的风化作用包括物理风化、化学风化和生物风化。

物理风化是一种纯机械的破坏作用，会使岩石崩解为细小的碎块和碎屑。化学风化不仅改变了岩石的结构构造，还改变了化学成分。

生物风化包括动植物和微生物的影响，既有物理的，也有化学的方式。前者例如树根生长发展使岩石破裂，蚂蚁、蚯蚓钻洞挖土的破坏等；后者例如动植物分泌的有机酸、碳酸、硝酸和氢氧化铵等溶液对岩石的腐蚀。土壤的形成，就经历了一些化学风化和生物风化的作用。

小卡片

地质时代和地层的称呼

由于恐龙的原因，人们听惯了侏罗纪这个名字。成千上万的人看了电影《侏罗纪公园》，侏罗纪的名字更加深入人心了。与此相应，白垩纪的名字也流传开来。为什么谈到土壤时又说什么侏罗系、白垩系呢？没准儿有人会问，是不是作者老糊涂，把这些名词弄错了？“纪”和“系”两个字有什么差别？

不，我没有弄错。干了一辈子地质工作，如果连这个 ABC 的基础玩意儿也弄错，那就该挨板子了。

“纪”和“系”是两个不同的时代和地层的单位。在地质学里，时代从先到后是“代”“纪”“世”“期”，相应的地层就叫作“界”“系”“统”“层”。例如我们现在生活的时代是新生代、第四纪、全新世、亚大西洋期，这时候的某个地层就是新生界、第四系、全新统的某一个地层。

紫色土

上文说的“红泥巴”，实际上就是紫色土的一种。这是一种形成在亚热带地区紫红色砂页岩母质上的土壤。由于这些砂页岩非常疏松，在强烈的物理风化和水流侵蚀作用下，很容易破碎崩解成为土壤。不消说，这种土壤的性质和它的母岩非常相近，从上到下整个剖面都是均一的紫色或紫红色，层次很不明显，永远也不褪色，就叫作紫色土。

紫色土是一种年轻的土壤，大多分布在起伏不平的丘陵上，水土流失严重，土层很薄。由于没有经过长期耕作，也没有长期植被生长的历史，有机质含量低。可是它直接继承了母岩的成分，磷、钾含量丰富，所以肥力也比较高。

因为四川盆地内普遍分布中生代的红色岩层，风化后形成这种土壤，所以它被称为“红色盆地”。其中，生成在侏罗系地层上的，由于受母岩颜色的影响，主要呈紫红色；生成在白垩系地层上的，主要呈砖红色。

紫色土大多富含碳酸钙、磷、钾等营养元素，肥力很高，利于作物生长。可是因为它是由直接暴露在地表的岩石生成的，风化速度也快，物理崩解作用强烈，所以水土流失比较严重。为了解决这个问题，聪明的农民常常在山坡旱地上筑起横向沟垄，这样就可以尽量避免雨后的水土流失了。耕作中还需要注意蓄水灌溉、增施有机肥料、合理轮作，以提高粮食作物和其他农作物的产量。

第二十一章

红土地

大地是什么颜色?

北方人说，黄色的呀!

南方人说，红色的呀!

土地到底是什么颜色?到底是黄的，还是红的?北方人和南方人，到底谁是对的，谁说错了?

不，都没有错。北方就是黄土地，南方就是红土地。

哦，似乎有些不对呀!人们的嘴里老是念叨黄土地、黄土地，怎么又冒出了红土地这个词儿呢?

说来道理很简单，因为古时候大家都尊崇“四海之内、天地之中”的中原。中原大地主要就是黄土高原和黄土平原，当然就是一片黄土地呀!可是中国之大，岂仅是中原地带?四方大地还广阔着呢!长江以南的南方，并不比中原的面积小。南方没有黄土，放眼一看，几乎到处是一片红，好像一幅鲜艳的红色图画。

这不是我在前面一章说的那种红色岩石风化残余的红泥巴，不是四川盆地里特有的紫色土，而是另一种常见的红壤。所在的

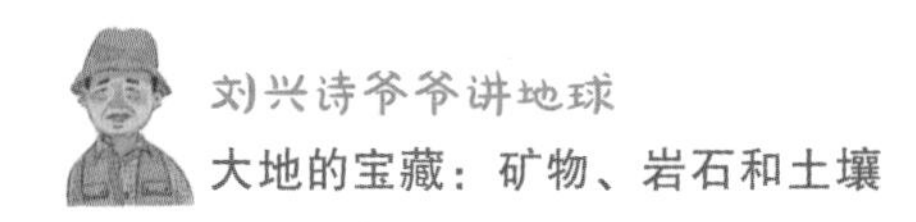

地方不管什么岩石、土壤统统是红色。

咦，这可奇怪了。杂七杂八颜色的岩石上面以及大片的土壤怎么都是红的？

土壤学家说，这和岩石本身的颜色没有关系，是特定的气候环境形成的。在湿热的环境条件下，土壤剖面经过了特殊的作用变化过程。

主要是富铝化作用的影响。

这儿湿热多雨，剖面内的风化淋溶作用特别强烈。首先就是含铁和铝的矿物遭到强烈分解，岩石里的矿物大部分形成各种氧化物。铁和铝就变成了氧化铁和氧化铝。

氧化铁是红的，土壤当然也就变成红的了。这样的土壤，就

是人们常说的红壤。

氧化铝是白的，在红色的剖面下部，生成一条条白色的条纹。一片红彤彤的土层里，夹杂着一条条白色的氧化铝纹路，成为特殊的网纹红土。不管远观近看，都非常美丽。咔嚓拍一张照片，作为永远的记忆。

瞧，红色的泥土，岂不就这样形成了吗？

白居易有一首诗中提到了红色的泥土：

> 绿蚁新醅酒，
> 红泥小火炉。
> 晚来天欲雪，
> 能饮一杯无？

这首诗是诗人在中原北方写的，这个红泥小火炉不知是什么原料做的。不管怎么说，“红泥”这个词儿，总也反映了泥土也有红的。

是呀！在我国南方许多地方，泥土常常就是一片红，好像一幅鲜艳的红色图画，真美丽啊！

到江西、湖南去看吧，到广东、广西去看吧，到福建、台湾去看吧，到云南、海南岛去看吧。特别是在南岭内外的一些省份，几乎所有的山冈和平地，统统是一派鲜艳的红色。难怪有人把云南的诗歌叫作“红土地诗歌”，广东也有“红土诗社”，人们离不开深深眷爱的红土地。

南方的土壤都是红壤吗？那也不见得。

土壤学家说，这儿除了常见的红壤，还有底土泛黄的黄壤和

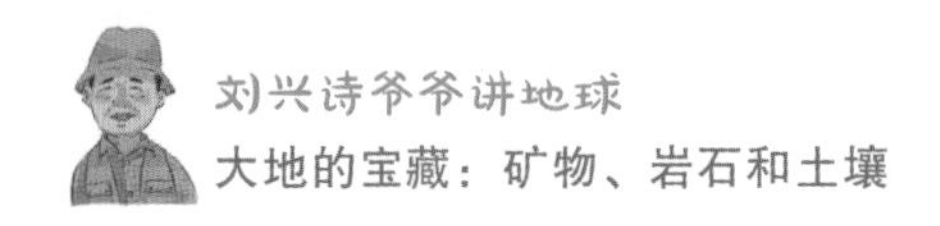

颜色更红的砖红壤。

黄壤形成的环境有些不一样。这儿的天气和泥土都比较湿润，在这样的条件下，氧化铁变成了黄色，土壤也就跟着有些发黄了。

在砖红壤的形成过程中，氧化作用更加强烈，所以土壤剖面就成为常见的红砖一样的颜色。

红壤、黄壤、砖红壤是南方大地的地带性土壤。红土地和黄土地分布同样广泛，都是咱们最最爱恋的土地。

小卡片

红壤的形成过程

土壤学家说，在红壤的形成中，有两个重要的过程。

一个是富铝化过程。也就是在强烈淋溶的作用下，除了特别坚固稳定的石英，绝大多数的矿物都形成了各种氧化物，随着水向下渗透。氧化铁和氧化铝逐渐聚集，就形成了富含铁、铝的红色土壤了。

另一个是有机质的富集过程。亚热带的常绿阔叶林生长非常茂盛，每年积聚了大量落叶和别的有机质。这样不断积累，在旺盛的微生物分解作用下，就会使落叶迅速分解，在土壤剖面里积累许多有用的元素，大大增加土壤的肥力。

第二十二章

“人造土壤”水稻土

啊，水稻！

啊，大米饭！

今天，人们的饮食生活中，怎么能离了白花花、香喷喷的大米饭？特别是在我国广阔的南方，馒头、面条可以不吃，却万万离不了一碗米饭。以我自己来说吧，1950年到北京，除了早上在食堂啃一个馒头，偶尔吃几块大饼或一碗面条什么的，几乎没有一顿不吃米饭，这样一直过了七八年。

南方人嘛，从小养成了习惯，有什么办法呢？

对于南方人来讲，吃饭就是吃米饭，从来没有吃馒头一说。人们对米饭的喜爱程度，简直就和北方人喜欢吃馒头、面条，过年过节必须包饺子一个样。

米饭离不开水稻。南方人爱吃米饭，自然也对水稻特别关心啰。

请看南宋诗人范成大写的《四时田园杂兴》之一吧：

新筑场泥镜面平，

家家打稻趁霜晴。
笑歌声里轻雷动，
一夜连枷响到明。

这首诗描述了收割稻米后打场的热烈景象。趁着天晴干燥，噼噼啪啪整整打了一夜稻谷，人们又唱又笑，多么欢乐呀！

说起水稻，不得不提水稻土。

水稻不是在一般的土壤里生长的，它的生长离不了一种特殊的土壤。

这是什么土壤？这就是土壤科学里专门列出来的一种水稻土，研究者把它写进了一篇篇论文、一本本教科书，全世界所有的专家学者都承认。

呵呵，多么牛气啊！种水稻的土壤就是水稻土。请问，种小麦、大麦、萝卜、土豆的，还能叫作小麦土、大麦土、萝卜土、土豆土吗？

为什么水稻土有这样的殊荣？因为它和别的土壤不一样，不是大自然生成的，而是人工培育出来的一种特殊的人造土壤。

哈哈！我们听说过人造革、人造丝、人造奶油，还没有听说过什么人造土壤呢。难道这种土壤和前面说的那些人造产品，统统是工厂里制造出来的吗？

丰收的水稻

不是的，世界上还没有工厂制造的人造土壤。

土壤就是土壤，为什么说是人造的？概括地讲，这种土壤就是在人们栽种水稻的过程中，经过在水里人为浸泡、耕种熟化的一种耕作土壤。

请注意，水稻土的形成，有一个

水浸的特殊过程。在这样的环境里，土壤长期处在水淹的缺氧状态中，土壤里的氧化铁就被还原成易溶于水的氧化亚铁了。经过插秧阶段的浸泡，后来又排水，受了具有通气组织的稻根输送氧气的影响，氧化亚铁又被氧化成氧化铁沉淀，形成一些锈斑、锈纹，看起来和别的土壤大不相同。

这样浸水又排水、还原与氧化的过程交替进行，水稻土的剖面结构也与众不同了。在最上面的熟化层以下，还有比较紧实的犁底层、季节性灌水渗透形成的渗育层、黏粒比较多的淀积层和潜育层等。其结构看起来和别的土壤明显不一样。既然这是在种植水稻的过程中生成的土壤，当然就特别适合水稻生长。

经济发展中的土壤警报

水稻土是人工的杰作，也是生产稻米的温床，更是老祖宗留给我们的宝贵遗产。一片片水稻土，得要经过好几百年，甚至上千年的漫长时间才能形成，我们可要好好爱护它。别为了修建什么高级别墅、高尔夫球场、宽阔的马路和漂亮的写字楼，随随便便就破坏了。

近年来，随着经济的发展，一些城市追求短期效益，盲目开发，侵占了大量农田。我们的人口在增加，耕地在减少。越来越突出的粮食问题，不能只依靠袁隆平呀！

可喜的是，我在成都附近新都区的一个村，遇见一位村委会主任，他是从大西北转业回来的退伍军人，他带领大家坚决拆掉村里可以赚大钱但对环境有影响的工厂，将那里重新恢复为水稻田，真的很有远见！

后　记

知识如果是无边的森林，一门门学科就是大树。人的短促一生，不可能了解、掌握浩瀚森林般的学识，也很难成为巍峨矗立的参天大树。特别像我这样平庸愚鲁的人，就更加不可能了。

1950年，我进入北京大学地质系。1952年院系调整，地质系合并到新成立的北京地质学院（今天为中国地质大学）。我不愿离开北大这样学习气氛浓厚、思想宽松的学习环境，转系进入以清华大学地学系为主体，合并而成的地质地理系自然地理专业。清华地学系本身有一部分师生，加上燕京大学的侯仁之（担任系主任）先生，接着再招了一个班的新生，建立了一个规模很小的新系，简直没法和别的大系相比。我一下子抛弃了过去所学的基础，从头由新专业的大一念起。由于当时形势的需要，1950年入学的大学生，统统在1953年毕业。我这一转系就弄到1956年才从北大毕业，傻不傻？不过话又说回来，傻人自有傻福，傻乎乎多学了一个专业，也没有什么不好。双专业的基础，加上贫穷带来的“优势”，着实占了许多便宜。

贫穷能有什么“优势”？且听我细细道来。下面一段题外的话，也许会对今天的学生读者有所启发。

从前我的家境还算好，所以有幸进入南开中学，打下了坚实的知识基础。想不到1951年，父亲中风瘫痪，家里没了经济来源，我成了北大地质系的贫困生。那时候所有学生的学费、伙食费全免，学校给我每月4元的甲等助学金。我觉得这是人民的血汗钱，感到惭愧、不能接受，只要了每月2元的丙等助学金（当时北大学生一个月的伙食标准为12元5角），生活自然俭朴得不能再俭朴。5分钱一根的冰棍，几年内吃过几根，记得一清二楚。所以后来我每次返回北大，总要在西门对面蔚秀园门内的小店，吃一盘炒饼忆苦思甜——炒饼在当时可是不可多得的美味佳肴。那时候偶尔进一次城，只能借同学的自行车，另外早上在食堂多拿两个馒头，再夹一块咸菜。一路跋涉后，在王府井、西单大街边坐下慢慢啃馒头、咸菜，对身边散发出阵阵诱人香味的餐厅、小食摊，看也不看一眼。口渴了就找一个自来水管咕嘟嘟喝几口。

所有这一切，加之我出生在“九一八”那年，经历了南京沦陷前夕大撤退逃亡的苦难，是在民族危难的血火经历中成长的孩子，因此，我永远难忘民族耻辱，难忘国家人民培育的恩情，做到了一生认认真真努力工作，习惯了把国家民族利益放在个人利益之上。所以有一家海外公司打算邀请我加入，条件说得很诱人，问我还要什么条件，我回答:“只要一个词，那就是最亲爱的‘China’。”我是有国籍归属的，不认同今天有些年轻人，自诩为高人一等的“世界公民”，一步跨出去就再也不回头。

唉，我这样干呀、干呀，直到耄耋之年的今天，直到人生四大疾苦之一的死亡即将来临时，依旧争分夺秒奋力工作。每天早晨 7 点就起床干活，晚上 10 点准时上床睡觉，几乎放弃了娱乐与休闲。我坚持继续在野外工作不息，给孩子们写书不息。因为杂事很多，一般只能一个月或一个半月写一本，并不断否定自己的风格尝试创新。如果不用这个速度，就会来不及了。至今在境内外出版了 203 种 277 本图书，这个数据还在不断更新。有人问我："老先生身体好吗？"我笑答道："比不上去年，比明年好。"大家叫我刘老。我说，就叫老刘吧。我不敢自以为是什么玩意儿，只有埋头干活最重要。是呀！来日不多，再不抓紧工作，就没有机会了。死亡不必害怕，不必抓紧享受，应该和时间赛跑，多做工作才对。往后灰飞烟灭，我们都会被忘记并不留一点痕迹，但是只要记住，咱们的民族曾经有一个苦难的时代，有一些人为之努力奋斗过。谁呀谁，算得了什么！记住那个大时代，激励后人奋发图强，高高举起接力棒就够了。大家说，是不是？

噢，话说得跑题了，再回到在北大的穷学生时代吧。那时候要节约邮费，又要给父母写信汇报，我总是用最薄的纸，两面写得满满的，到邮局称重刚好达到不加费的标准才寄出。那时候不能打工，我没有一点收入，还得想法从助学金里节约一部分，攒到年底，在同仁堂买几盒活络丹之类的药寄回去。虽然明知这不能给父亲治病，但也是给老人的心理安慰，让我这远方的穷儿子心里好受些。贫穷不是耻辱，没有志气才是最大的耻辱。艰苦生活的磨炼，是一笔珍贵的财富，我相信什么苦日子都能挺过去。加之以后地质工作的经历，更加增添了对待生活的特殊韧性，所以至今还保留着艰苦朴素的习惯。说起来，这真要感谢那一段北大求学的经历。

那时候因为没有钱，寒暑假不能回家，我就整天泡图书馆，不管什么书都看。阅读了许多别处不能看到的珍贵古籍，文、史、哲以及天文、地理等领域也广泛涉猎，做了许多笔记、卡片。可惜的是，在20世纪60年代那个不正常的岁月，这些资料连同过去几乎所有的课堂笔记等，不幸全部散失。可是，积累在身的知识却不会消失，对我以后触类旁通地开展工作起到了很大的作用。

我就在这样的情况下，改行步入了地理专业，偏重于地貌学的研究。后来毕业留校，进一步得到培育，也没脱离地理学的基本范畴。1985年在成都理工学院（更早称成都地质学院，今天为成都理工大学）主持建立了地理专业，发展成为今天的旅游与城乡规划学院，也是吃过去的老本。

1958年，全国建立许多新学校、新专业，国家要求北大、清华等校支援。曾经教过我们植物生态学课程、德高望重的学部委员（今称院士）李济侗先生也毅然离开燕园，远赴内蒙古大学担任副校长。我就在这场大潮中，和一个同伴来到武汉的华中师范学院（今天为华中师范大学），协助建立地理系。这个地理系建成后，我再到成都地质学院，讲授当时该校尚无人讲授的地貌学与第四纪地质学的课程。

当年没有去北京地质学院，如今却到了成都地质学院，似乎是命运的决定，但也算是归了队。可是认真来讲，我却缺失了地质专业一大段基础学习经历，未免有些缺憾。后来参与了许多野外地质工作，特别是进行区域地质填图以及执行其他任务，一番番风里来雨里去的摸爬滚打，总算是进了门。在当时的地质队伍中，比较缺乏的就是地貌学、第四纪地质学的专业人员，所以我依旧被派遣在这个领域内冲锋陷阵，很少介入真正的地质找矿主流。

以找矿来说吧，我参加的项目就很少，擅长的仅仅限于砂矿地质学。那是在北大期间在苏联专家列别杰夫手下学习过的，又是和自身比较熟悉的河道水流动力学、河流地貌学相关的一门学问。后来，一位熟识的成都企业家，取得老挝境内湄公河流域部分地区砂金开采权后，拟邀请我为总顾问，开出了高额报酬外加技术入股的诱人条件。此时，正处在汶川大地震期间，我从北京匆匆赶回来，投身在第一线工作。黄金虽然诱人，可是当时我确实不能接受。我穿一件红色衣服，戴一顶红帽子，没日没夜在灾区内外工作。我当时的任务是在断裂带周围巡视，在余震到来时就地观察，进行发震机制研究，制订灾后重建计划。同时，通过电视、报纸等媒体宣讲防震知识，安定人心，稳定社会秩序。在此期间曾经两次负伤，先后得到原沈阳军区和原兰州军区野战医院救治。

我在这儿说了一大通，无非表明，在地质科学领域内，我多少有些先天不足、后天失调，存在着一定的缺陷。这本书所涉及的矿物学、矿床学方面的知识，对我来说就是一个短板。譬如一个大医院，包含了内科、外科、儿科、五官科、皮肤科等许多专门科室，各有专家，对任何一个医生来说，虽然也知道一些别的专业知识，但毕竟水平不如相关学科的行家里手。比如患心脏病的病人，绝对不会挂五官科的号，肚子痛也不会找口腔科。我写这本小册子就是这样的。局外人看，似乎是专家；局内人之间，就像是外科大夫看内科，多少有些跨越专业、外行冒充内行之嫌。我这样亮底，是让读者知道我的根基，本人绝对不是什么包打一切的“全能大专家”，务请大家多多理解原谅，谢谢！

需要再说一句的是，其中写得不多的土壤部分，却真的是涉及我的自身专业。大学期间我曾学过好几门名师开设的有关土壤学的课程，参加过一些野外实习。特别是 1956 年，参加了著名土壤学家熊毅、席承藩先生主持的水利部华北平原土壤调查。我们走遍黄河以北、渤海以西的广阔华北平原，实打实经历了一场硬仗，收益很大。毕业后，在当年中科院系统优先选择毕业生的政策规定下，学校以研究生的名义将我预留下来，得到土壤学家李孝芳先生青眼相待，招至其门下做助教，虽然不久又调出，毕竟也受到了李先生的培育，土壤学还略知一二。矿物、矿床方面也非我的强项，野外经验不多。在这里要说老实话，一是一，二是二，不敢大包大揽。再次恳请大家理解原谅，再次谢谢！

刘兴诗

2017 年，86 岁于成都理工大学